衣服换色效果

改变图像色彩

调整对比度与饱和度

调整图像色彩

自定义照片颜色

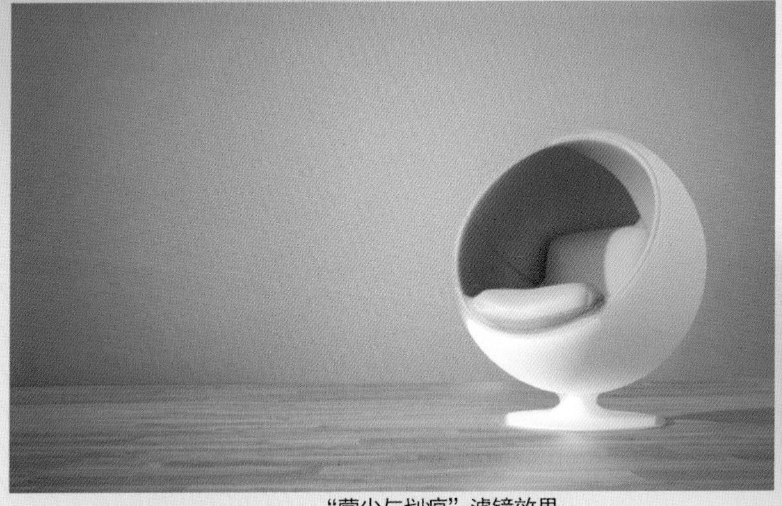
"蒙尘与划痕"滤镜效果

"特殊模糊"滤镜效果

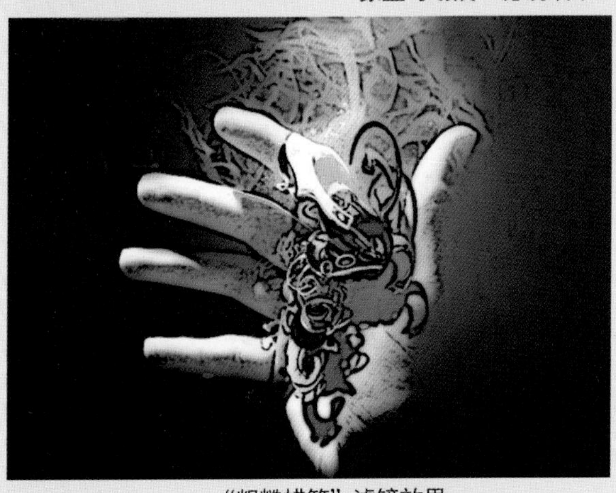
"粗糙蜡笔"滤镜效果

"拼贴"滤镜效果

"影印"滤镜效果

"风"滤镜效果

"球面化"滤镜效果

"墨水轮廓"滤镜效果

"强化的边缘"滤镜效果

“USM锐化”滤镜效果

霓虹灯效果

“便条纸”滤镜效果

“水彩画纸”滤镜效果

“晶格化”滤镜效果

“玻璃”滤镜效果

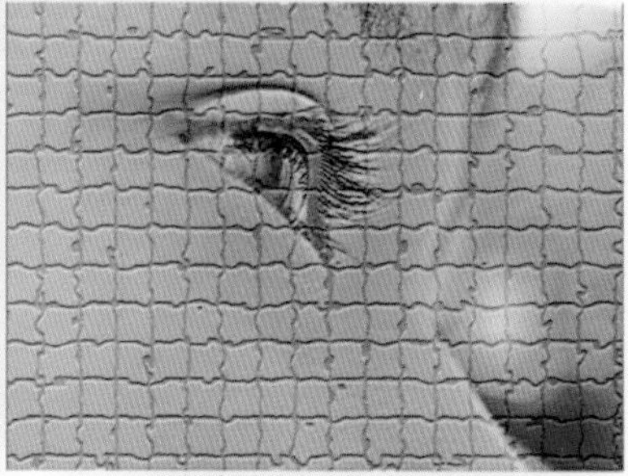

“马赛克拼贴”滤镜效果

“镜头光晕”滤镜效果

“光照”滤镜效果

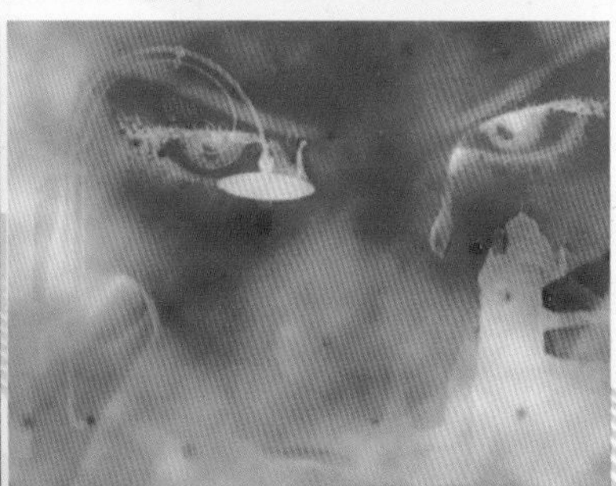

“分层云彩”滤镜效果

“消失点”滤镜效果

素描图像效果

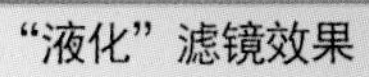

“液化”滤镜效果

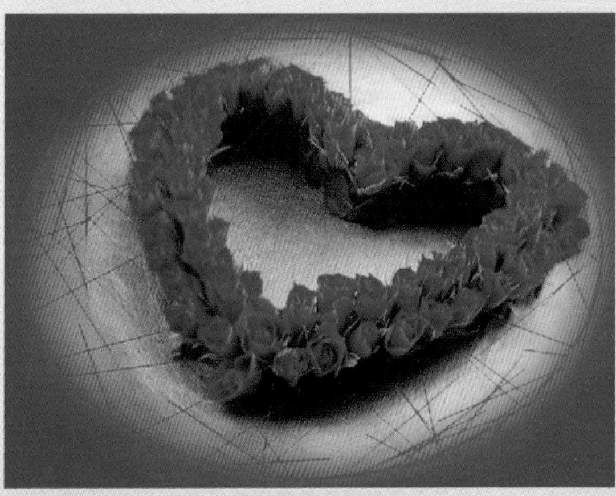

编辑智能滤镜

统一图像色调

黑白斑驳的效果

分离图像色调

经/典/培/训/教/程/丛/书

中文版

卓文 主编

Photoshop 图像处理经典培训教程

上海科学普及出版社

图书在版编目（CIP）数据

中文版 Photoshop 图像处理经典培训教程 / 卓文主编.
— 上海：上海科学普及出版社，2013.11
（经典培训教程丛书）
ISBN 978-7-5427-5885-9

Ⅰ.①中… Ⅱ.①卓… Ⅲ.①图像处理软件－教材
Ⅳ.①TP391.41

中国版本图书馆 CIP 数据核字（2013）第 222637 号

策　　划　胡名正
责任编辑　徐丽萍
统　　筹　刘湘雯

中文版 Photoshop 图像处理经典培训教程
卓文　主编
上海科学普及出版社出版发行
（上海中山北路 832 号　邮政编码 200070）
http://www.pspsh.com

各地新华书店经销　　北京市燕山印刷厂印刷
开本 787×1092　1/16　印张 13.5　彩插 4　字数 221000
2013 年 11 月第 1 版　　2013 年 11 月第 1 次印刷

ISBN 978-7-5427-5885-9　　定价：26.80 元

内 容 提 要

本书从培训与自学的角度出发，全面、详细地介绍了中文版 Photoshop CS6 这一平面设计与图像处理软件的强大功能和操作技巧，并通过典型的实战案例，让读者在最短的时间内精通软件，从新手快速成长为 Photoshop 图像处理高手。

本书由国内一线的教育与培训专家编著，完全遵循 Photoshop 教学大纲与认证培训的规定进行编写，内容专业而且丰富实用。全书共分 10 章，主要内容包括：图像处理基础入门、图像处理的基本操作、创建与编辑选区、图像的绘制与修饰、灵活运用图层、路径与形状的应用、文字的应用、通道与蒙版的应用、图像色彩和色调的调整、神奇的 Photoshop 滤镜。

本书采用由浅入深、图文并茂的方式进行讲述，既可作为高等院校、职业教育学校及各类平面设计培训中心的首选教材，又可作为从事平面设计、插画设计、包装设计、网页制作、影视广告设计等工作人员的自学参考手册。

前　言

❖ 软件简介

中文版 Photoshop CS6 是 Adobe 公司推出的最新的图像处理软件，它界面友好、功能强大、操作简便，已经被广泛应用到平面设计、插画设计、包装设计、网页制作、影视广告设计等各个领域，深受广大图像处理和平面设计人员的青睐，是目前世界上最优秀的平面设计软件之一。

❖ 内容安排

本书由国内一线的教育与培训专家编著，完全遵循 Photoshop 教学大纲与认证培训的规定进行编写，内容专业而且丰富实用。全书共分 10 章，主要内容包括：图像处理基础入门、图像处理的基本操作、创建与编辑选区、图像的绘制与修饰、灵活运用图层、路径与形状的应用、文字的应用、通道与蒙版的应用、图像色彩和色调的调整、神奇的 Photoshop 滤镜。

❖ 亮点特色

本书从培训与自学的角度出发，全面、详细地介绍了中文版 Photoshop CS6 这一平面设计与图像处理软件的强大功能和操作技巧，并通过典型的实战案例，让读者在最短的时间内精通软件，从新手快速成长为 Photoshop 图像处理高手。

1．内容全面

本书几乎涵盖了 Photoshop 软件绝大多数的重点命令和功能，从创建图像到编辑图像、从图层的应用到路径和形状及文字的应用、从通道与蒙版到图像色彩和色调，再到滤镜的应用，应有尽有。

2．讲解清楚

本书结构清晰、语言通俗易懂，以最小的篇幅、最详细的步骤精辟地讲解了软件的重点功能和命令，让读者掌握精华知识。

3．案例丰富

本书在介绍各项命令和功能时，特别列举了大量的实例辅助说明，让读者深刻地领会命令和功能应用的精髓，增加本书的实用性和技术含量。

❖ 适合读者

本书结构清晰、知识系统、语言简洁，适合以下读者：

➢ 想自学成才，学习 Photoshop 软件的初、中级读者。

- 各类电脑培训中心、学校及各大、中专院校的学生。
- 希望向广告、海报和商业包装设计等方向发展的平面设计人员。

❖ 售后服务

本书由卓文主编，由于编写时间仓促，书中难免有疏漏与不妥之处，欢迎广大读者提出宝贵意见，我们将在再版时加以修订和改进。另外，如果需要书中案例用到的相关素材，大家可以登录我们的网站：http://www.china-ebooks.com，在“下载专区”中免费下载。

特别说明：本书的图片素材、效果创意、企业标识等版权均为所属公司和个人所有，本书引用仅为说明（教学）之用，绝无侵权之意，特此声明。

编　者

目 录

第4章 图像的绘制与修饰

第5章 灵活运用图层

第6章 路径与形状的应用

第7章 文字的应用

第8章 通道与蒙版的应用

第9章 图像色彩和色调的调整

第 10 章 神奇的 Photoshop 滤镜

第 1 章　图像处理基础入门

Photoshop CS6 是 Adobe 公司最新推出的图像处理软件，它是当前世界上最著名和最受欢迎的图像处理软件之一，其对图像颜色的处理和图像的合成是其他任何软件无法比拟的。

1.1　Photoshop CS6 的新增功能

Photoshop CS6 包含全新的 Adobe Mercury 图形引擎，为用户提供了更多的选择工具，利用最新的内容识别技术可以更好地修复图片，同时在指针、滤镜与视频编辑等方面都有不同程度的变化。下面对 Photoshop CS6 的一些重要的新功能进行简单介绍。

1.1.1　强大的内容感知移动工具

利用新增的内容识别移动工具，用户可以将选中对象移动或者扩展到图像的其他区域，并利用“内容识别移动”功能对对象进行重组和混合，从而产生出色的视觉效果，如图 1-1 所示。

1.1.2　出色的裁剪工具

在 Photoshop CS6 全新的裁剪工具中，添加了非破坏性裁剪（隐藏被裁掉的区域）和常用的裁剪照片时所使用的比例。使用非破坏性裁剪工具可以快速、精确地裁剪图像，在画布上轻松地控制图像，并实时查看调整结果，如图 1-2 所示。

图 1-1　使用内容感知移动工具

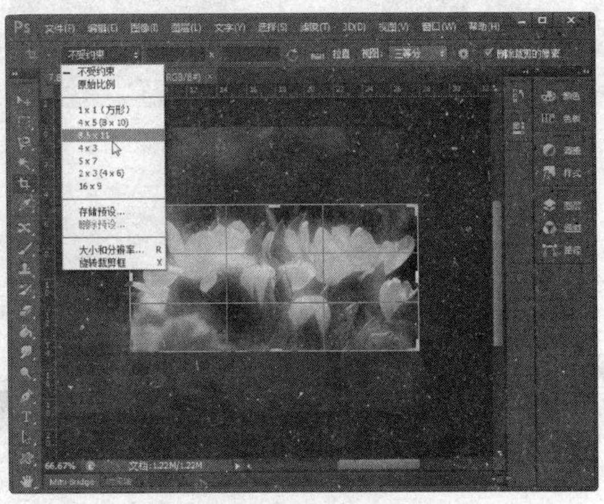

图 1-2　使用全新的裁剪工具

1.1.3　自适应广角滤镜

在 Photoshop CS6 中单击“滤镜”|“自适应广角”命令，可以轻松地拉直全景图像，还可以校正使用鱼眼或广角镜头拍摄的照片中的弯曲对象。该滤镜能够利用各种镜头的物理特性来自动校正图像。

1.1.4 内容识别修补工具

使用“内容识别修补”功能修补图像，用户选择示例区域后，使用内容识别修补工具对图像进行修补，可以使用“内容识别”功能制作出神奇的修补效果。

1.1.5 肤色识别功能

通过“色彩范围”命令中的“肤色”选项可以创建选区和蒙版，简单而快捷地选择精细的图像元素，如人物的头发、面部等区域，让用户轻松地调整人物的肤色，如图 1-3 所示。

1.1.6 更加强大的“模糊”滤镜

在 Photoshop CS6 的“模糊”滤镜中，新增了“场景模糊”、“光圈模糊”和“倾斜偏移”三个滤镜。用户可以借助图像上的控件快速创建照片模糊效果，然后锐化一个焦点或在多个焦点间改变模糊强度，如图 1-4 所示。

图 1-3　使用肤色识别功能

图 1-4　使用“光圈模糊”滤镜

1.1.7 “段落样式”和“字符样式”面板

用户可以通过新增的“段落样式”和“字符样式”面板保存文字样式，并将这些格式应用到所选的字母、线条或段落，从而极大地提高了工作效率。

1.1.8 具有侵蚀效果的笔尖

在 Photoshop CS6 中使用具有侵蚀效果的铅笔或蜡笔，绘图笔尖会随使用时间而自然磨损，从而产生更自然、逼真的效果。喷枪笔尖通过 3D 锥形喷溅来复制喷罐。用户可以通过设置画笔笔尖形状，如“粒度”、“喷溅”、“硬度”或“扭曲”等参数创建不同的效果，而且可以将常用的笔尖效果存储为预设。

1.1.9 轻松创建油画效果

利用新增的“油画”滤镜，可以使普通的图像快速呈现出油画效果。控制画笔的样式及光线的方向和亮度可以产生更加出色的效果，如图 1-5 所示。

1.1.10　图层搜索功能

在“图层”面板中新增了图层搜索功能，该功能可以帮助用户快速查找所需图层，避免了设计人员“大海捞针”找图层的情况，如图 1-6 所示。

图 1-5　使用“油画”滤镜

图 1-6　搜索图层

1.2　快速认识 Photoshop CS6 的工作界面

单击“开始”|“所有程序”| Adobe Master Collection CS6 | Adobe Photoshop CS6 命令，或双击桌面上的 Adobe Photoshop CS6 快捷方式图标，便可启动 Photoshop CS6 应用程序，打开一幅图像后的 Photoshop CS6 的工作界面如图 1-7 所示。

图 1-7　Photoshop CS6 的工作界面

Photoshop CS6 的工作界面主要由菜单栏、工具箱、工具属性栏、标题栏、图像编辑窗口、浮动控制面板和状态栏等部分组成。工具箱和浮动控制面板依附在工作界面两侧，用户可以通过鼠标将其拖动出来自由组合，还可以将多个图像窗口组合在一起。

1.2.1 菜单栏

菜单栏位于 Photoshop CS6 窗口的顶部，由“文件”、“编辑”、“图像”、“图层”、“文字”、“选择”、“滤镜”、“3D”、“视图”、“窗口”和“帮助”11 个菜单命令组成，如图 1-8 所示。用户单击任意一个菜单项都会弹出其包含的命令，Photoshop CS6 中的绝大部分功能都可以利用单击菜单栏中的命令来实现。

Ps 文件(F) 编辑(E) 图像(I) 图层(L) 文字(Y) 选择(S) 滤镜(T) 3D(D) 视图(V) 窗口(W) 帮助(H)

图 1-8　Photoshop CS6 的菜单栏

专家指点

> 若要打开某菜单，将鼠标指针移动到该菜单处单击鼠标左键，或按住【Alt】键的同时按此菜单名称中带下划线的字母键即可。例如，要打开“图像”菜单，可按【Alt+L】组合键。

若菜单中的命令呈现灰色，则表示该命令在当前编辑状态下不可用；若菜单命令右侧有个三角符号▶，则表示此菜单包含有子菜单，将鼠标指针移至该菜单上，即可打开其子菜单；若菜单命令的右侧有省略号…，则执行此菜单命令时将会弹出与之相关的对话框，如图 1-9 所示。

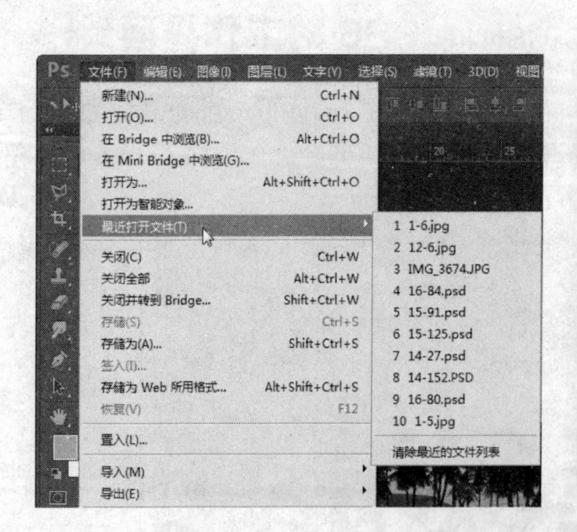

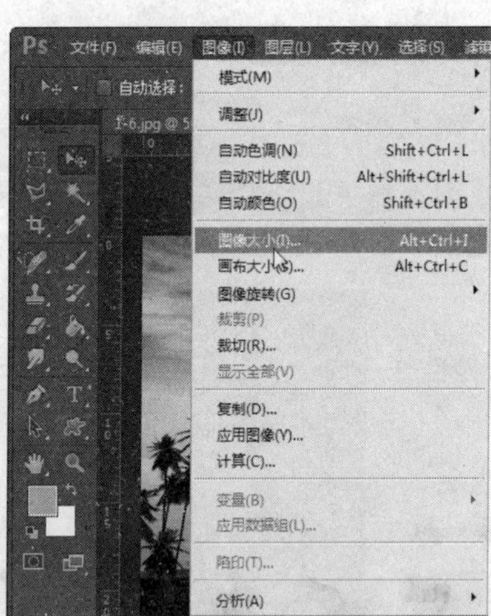

图 1-9　不同形式的菜单

1.2.2 工具箱

工具箱在默认状态下位于 Photoshop CS6 的左侧，其中集合了图像处理过程中使用最频繁的工具，使用它们可以进行绘制图像、修饰图像、创建选区以及调整图像显示比例等操作。通过拖动工具箱顶部可以将其拖放到工作界面的任意位置。

工具箱顶部有一个折叠按钮▶▶，单击该按钮可以将工具箱中的工具以紧凑型排列。

要选择工具箱中的工具，只需单击该工具对应的图标按钮即可。仔细观察工具箱，可以发现有的工具按钮右下角有一个黑色的小三角，表示该工具位于一个工具组中，其下还有一些隐藏的工具，在该工具按钮上按住鼠标左键不放或使用右键单击，可显示该工具组中隐藏的工具，如图 1-10 所示。

图 1-10　选取工具组中的工具

1.2.3 工具属性栏

工具属性栏位于菜单栏的下方，在工具箱中选取不同的工具时，工具属性栏中显示的内容和参数也各不相同。

使用工具属性栏都有一个基本的操作顺序：先在工具箱中选取要使用的工具，然后用户根据需要在该工具属性栏中进行参数的调整，最后使用该工具对图像进行编辑和修改。当然用户也可以使用系统默认的参数对图像进行编辑和修改。选取工具箱中的移动工具，其工具属性栏如图 1-11 所示。

图 1-11　移动工具的工具属性栏

1.2.4 浮动控制面板

浮动控制面板其实是一种窗口，它总是浮动在工作界面的右侧，用户可以进行选择颜色、编辑图层、新建通道、编辑路径和撤销编辑等操作。单击“窗口”|“工作区”命令，在弹出的子菜单中可以选择需要打开的面板。

系统默认情况下，打开的面板都是以面板组的形式出现的，通常依附在工作界面右侧，单击面板右上方的三角形按钮，可以将面板紧缩为精美的图标，使用时只需直接单击所需面板按钮，即可弹出该面板，如图 1-12 所示。

用户若要隐藏某控制面板窗口，可单击“窗口”菜单中带√标记的命令；若要重新显示被隐藏的面板，可单击“窗口”菜单中不带√标记的命令，如图 1-13 所示。

用户还可以通过以下几种方法对控制面板进行选择或控制。

- 按【F5】键，可控制“画笔”面板；按【F6】键，可控制“颜色”面板；按【F7】键，可控制“图层”面板；按【F8】键，可控制“信息”面板，按【Alt+F9】组合键可以显示或隐藏“动作”面板。
- 按键盘上的【Tab】键，显示或隐藏工具箱和浮动面板。
- 按键盘上的【Shift+Tab】组合键，显示或隐藏浮动面板。

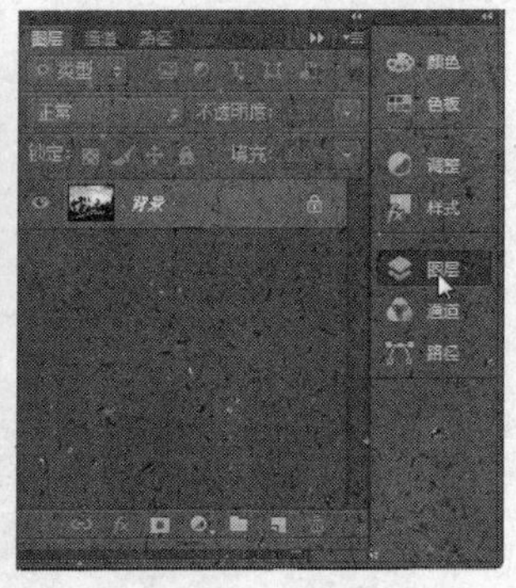

图 1-12　面板的紧缩和展开

图 1-13　单击不带√标记的命令

1.2.5 图像编辑窗口

图像窗口是对图像进行浏览和编辑操作的主要场所，具有显示图像文件、编辑或处理图像的功能。在图像窗口的上方是标题栏，标题栏中会显示当前文件的名称、格式、显示比例、色彩模式、所属通道和图层状态，如果该文件未被存储过，则标题栏以“未标题”并加上连续的数字作为文件的名称。

1.2.6 状态栏

状态栏位于图像窗口的底部，最左端的百分比值为缩放框，在其中输入数值后按一下【Enter】键可以改变图像的显示比例；中间显示当前图像文件的大小；右端显示滑动条，如图 1-14 所示。

图 1-14　状态栏

1.3 图像处理的基本概念

要真正掌握和使用一个图像处理软件，不仅需要掌握软件的操作，还得掌握图像的类型、图像格式、颜色模式及一些色彩原理等知识。在介绍有关 Photoshop CS6 的工作界面之后，为了便于后面的学习，下面将讲解一些有关图像处理的基本概念。

1.3.1 位图与矢量图

图像文件的类型有两种，即位图和矢量图。这两种类型的文件在存储时其格式各不相同，并且在绘制和处理时也各有不同的性质。

位图

位图图像又称点阵图像，它是由众多色块（像素）组成的，位图的每个像素点都含有位置和颜色信息。当将位图放大到一定倍数后，可以较明显地看到一个个方形色块，每一个色块就是一个像素（如图 1-15 所示），每一个像素只能显示一种颜色。因此，这种图像的优点是画面细腻，比较适合制作细腻、轻柔、缥缈的特殊艺术效果。

位图的清晰度与分辨率的大小有关系，分辨率越高，则图像越清晰，反之图像越模糊。图像分辨率越高，需要的存储空间越大。

图 1-15　位图图像放大前后的显示效果

矢量图

矢量图像又称为向量图像，它是由线和图块组成的。矢量图在放大或缩小时，图像的色彩信息保持不变，且颜色不会失真。矢量图像保存的是图像的形状和填充属性，因此，它具有占用空间小，且放大后不会失真的优点（如图 1-16 所示），但这种图像具有色彩比较单调的缺点。矢量图文件的大小与尺寸大小无关，只与图形的复杂程度有关，即图形中所包含线条或图块的数量，因此图形越简单，占用的磁盘空间就越小。生成矢量图像的软件有 CorelDRAW、AutoCAD、FreeHand 等。

图 1-16　矢量图像放大前后的显示效果

1.3.2 像素与分辨率

像素和分辨率是 Photoshop 中关于图像文件大小和图像质量的两个基本概念，下面将分别进行介绍。

- 像素：像素是组成图像的最小单位，其形态是一个有颜色的小方点。图像由以行和列的方式进行排列的像素组合而成，像素越高，文件越大，图像的品质就越好。
- 图像分辨率：图像分辨率是指打印图像时，在每个单位长度上打印的像素数，通常以“像素/英寸”和“像素/厘米”来衡量。图像分辨率的高低直接影响图像的质量，分辨率越高，文件就越大，图像也就越清晰，处理速度相应就越慢；反之，分辨率越低，图像就越模糊。
- 显示器分辨率：在显示器中每单位长度显示的像素或点数，通常以“点/英寸”(dpi)来衡量。
- 打印机分辨率：与显示器分辨率类似，打印机分辨率也以“点/英寸”（dpi）来衡量。若打印机分辨率为 300 点/英寸～600 点/英寸，则图像的分辨率最好为 72 像素/英寸～150 像素/英寸；若打印机的分辨率为 1200 点/英寸或更高，则图像分辨率最好为 200 像素/英寸～300 像素/英寸。

专家指点

通常情况下图像仅用于显示，可将其分辨率设置为 72 像素/英寸或 96 像素/英寸（与显示器分辨率相同）；若希望图像用于印刷输出，则应将其分辨率设置为 300 像素/英寸或更高。

1.3.3 图像的文件格式

所谓文件格式是指文件最终保存在计算机中的形式，即文件以何种形式保存到文件后再编辑。因此，了解各种文件格式对图像进行编辑、保存及转换有很大的帮助。Photoshop 支持的图像文件格式非常多，下面来介绍几种常用的图像文件格式。

PSD（*.PSD）

该格式是 Photoshop CS3 本身专用的文件格式，也是新建文件时默认的存储文件类型。该种文件格式不仅支持所有模式，还可以将文件的图层、参考线、Alpha 通道等属性信息一起存储。该格式的优点是保存的信息多，缺点是文件尺寸较大。

BMP（*.BMP）

BMP 是 Windows 操作系统中“画图”程序的标准文件格式，此格式与大多数 Windows 和 OS/2 平台的应用程序兼容。由于该图像格式采用的是无损压缩，因此，其优点是图像完全不失真，缺点是图像文件的尺寸较大。BMP 格式支持 RGB、索引颜色、灰度等颜色模式，但不支持含 Alpha 通道的图像信息。

JPEG（*.JPG）

JPEG 格式是一种压缩率很高的文件格式，但由于它采用的是具有破坏性的压缩方式，因此，该格式仅适用于保存不含文件或文字尺寸较大的图像。否则，将导致图像中的字迹模糊。JPEG 格式支持 CMYK、RGB、灰度等颜色模式，但不支持含 Alpha 通道的图像信息。

TIFF（*.TIF）

TIFF 格式也是一种应用性非常广泛的图像文件格式。它支持包括一个 Alpha 通道的 RGB、CMYK、灰度模式，以及不包含 Alpha 通道的 Lab 颜色、索引颜色、位图模式，并可设置透明背景。

GIF（*.GIF）

GIF 格式为 256 色 RGB 图像文件格式，其特点是文件尺寸较小，支持透明背景，特别适合作为网页图像。此外，还可使用专门的软件制作 GIF 格式的动画。

PDF（*.PDF）

Photoshop PDF 格式是由 Adobe 公司推出的专为网上出版而制订的一种格式。它以 PostScript Level 2 语言为基础，可以覆盖矢量式图像和点阵式图像，并且支持超链接。

PDF 格式支持 RGB、CMYK、索引颜色、灰度、位图和 Lab 等颜色模式，但不支持 Alpha 通道。它是由 Adobe Acrobat 软件生成的文件格式，该格式可以保存多页信息，其中可以包含图形和文本。此外，由于该格式支持超链接，因此它是网络下载经常使用的文件格式。

1.3.4 图像的颜色模式

颜色能激发人的情感，并产生对比效果，使图像显得更加生动美丽。它能使一幅黯淡的图像变得明亮绚丽，使一幅本来毫无生气的图像变得充满活力。图像的颜色模式主要用于确定图像中显示的颜色数量，同时它还影响图像中默认颜色通道的数量和图像的文件大小。

常见的颜色类型包括 CMYK（青色、洋红、黄色、黑色）、RGB（红色、绿色、蓝色）和 Lab 模式等。另外，Photoshop 还包括了用于特殊颜色输出的灰度、索引颜色和双色调模式等。

CMYK 颜色模式

CMYK 颜色模式是标准的工业印刷颜色模式，如果要将其他颜色模式的图像输出并进行彩色印刷，必须将其颜色模式转换为 CMYK 颜色模式。该颜色模式由 4 种颜色组成，即青（C）、洋红（M）、黄（Y）和黑（K）。CMYK 颜色模式应用了色彩学中的减法混合原理，即减色色彩模式，它是图片、插图和 Photoshop 作品中最常用的一种印刷方式。

RGB 颜色模式

RGB 模式是 Photoshop 中最常用的一种颜色模式，此颜色模式的图像均由红（R）、绿（G）和蓝（B）3 种颜色的不同颜色值组合而成。RGB 颜色模式为彩色图像中每个像素的 R、G、B 颜色值分配一个 0～255 的强度值，一共可以生成超过 1 670 万种颜色，因此 RGB 颜色模式下的图像非常鲜艳。由于 R、G、B 三种颜色合成后产生白色，RGB 颜色模式又被称为“加色”模式。在 RGB 模式下，Photoshop 中的所有命令和滤镜都可以正常使用。

Lab 模式

Lab 模式是 Photoshop 中的一种国际色彩标准模式，它由亮度（光亮度）分量和两个色度分量组成。L 代表光亮度分量，a 分量表示从绿色到红色的光谱变化，b 分量表示从蓝色到黄色的光谱变化。它的优点是在不同平台与系统之间进行转换时显示的颜色是完全相同的，没有丝毫差别。在将 RGB 模式转换成 CMYK 模式时，其实是将 RGB 模式先转换为 Lab 模式，再由 Lab 模式转换为 CMYK 模式。

灰度模式

灰度模式的图像由 256 种颜色组成，因为每个像素可以用 8 位或 16 位颜色来表示，所以色调表现力比较丰富。将彩色图像转换为灰度模式时，所有的颜色信息都将被删除。

位图模式

位图模式是使用两种颜色值（黑色和白色）表示图像中的像素。位图模式的图像也称为黑白图像，其每一个像素都是用一个方块来记录的，因此所要求的磁盘空间最小。当图像需转换为位图模式时，必须先将图像转换为灰度模式。

索引颜色模式

索引颜色模式又称为图像映射色彩模式，这种模式的图像最多只有 256 种颜色。索引颜色模式可以减少图像文件大小，因此常用于多媒体动画的应用或网页制作。

双色调模式

双色调模式是使用 2～4 种颜色油墨创建的双色调（两种颜色）、三色调（三种颜色）和四色调（四种颜色）灰度图像。要将图像转换成双色调模式，必须先将其转换为灰度模式。

多通道模式

多通道模式是由其他的色彩模式转换而来的，不同的色彩模式转换后将产生不同的通道数。将 CMYK 模式图像转换为多通道模式后，可创建青、洋红、黄和黑专色通道；将 RGB 模式图像转换为多通道模式后，可创建红、绿、和蓝专色通道。当用户从 RGB、CMYK 或 Lab 模式的图像中删除一个通道后，该图像会自动转换为多通道模式。

1.4 课后习题

一、填空题

1．矢量图像又称为__________，它是由__________和__________组成的。矢量图在进行放大或缩小后，图像的__________保持不变，且颜色不失真。

2．图像分辨率通常用__________和“像素/厘米”来衡量。

3．图像分辨率的高低直接影响图像的__________，分辨率越高，文件就越__________，图像也就越__________，处理速度相应就越慢；反之，分辨率越低，图像就越模糊。

二、简答题

1．简述 Photoshop CS6 中新增了哪些实用的功能？

2．简述矢量图像与位图图像的性质。

3．Photoshop CS6 的工作窗口由哪些部分组成？

三、上机操作

1．练习 Photoshop CS6 的启动与退出。

2．运用快捷键和命令两种方法来显示或隐藏控制面板。

第 2 章　图像处理的基本操作

Photoshop CS6 作为一款图像处理软件，绘图和图像处理是它的看家本领。但在掌握这些技能之前，用户必须先学习 Photoshop 的基本操作，如新建、打开和保存图像、使用 Photoshop 中的各种辅助工具，以及图像的撤销和重复等操作。

2.1　图像文件的基本操作

图像文件的基本操作包括文件的新建、打开、保存、关闭、置入和导出等，下面将对这些操作进行详细的介绍。

2.1.1　创建图像文件

启动 Photoshop CS6 后，如果要在工作界面中进行图像编辑，需先创建一个图像文件。新建文件的方法有以下两种：

- 单击“文件”|“新建”命令。
- 按【Ctrl＋N】组合键。

使用上述的任何一种方法，都将弹出“新建”对话框，如图 2-1 所示。该对话框中主要选项的含义如下：

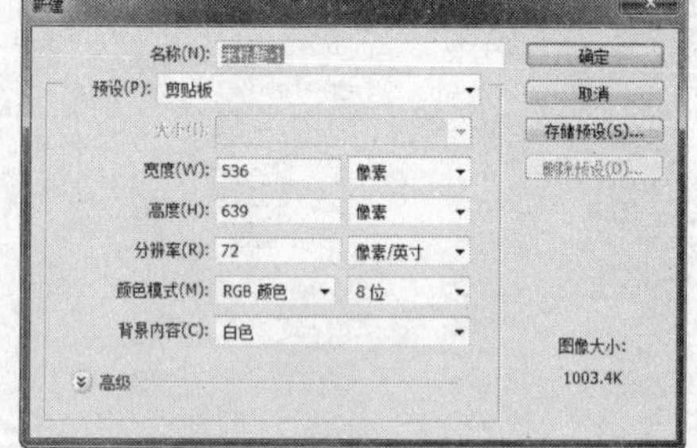

图 2-1 “新建”对话框

- 名称：在该文本框中可以输入新文件的名称。
- 预设：在该下拉列表框中可以选择预设的文件尺寸，其中有系统自带的 10 种设置。选择相应的选项后，“宽度”和“高度”数值框中将显示该选项的系统默认宽度与高度的数值；如果选择“自定”选项，则可以直接在“宽度”和“高度”数值框中输入所需要的文件尺寸。
- 分辨率：该数值是一个非常重要的参数，在文件的宽度和高度不变的情况下，分辨率越高，图像越清晰。
- 颜色模式：在该下拉列表框中可以选择新建文件的颜色模式，通常选择“RGB 颜色”选项；如果创建的图像文件用于印刷，可以选择“CMYK 颜色”选项。
- 背景内容：用于设置新建文件的背景，选择“白色”或“背景色”选项时，创建的文件是带有颜色的背景图层；如果选择“透明”选项，则文件呈透明状态，并且没有背景图层，只有一个“图层 1”。
- 存储预设：单击该按钮，可以将当前设置的参数保存为预设选项，在下次新建文件时，可以从“预设”下拉列表框中直接调用。

2.1.2　打开图像文件

在使用 Photoshop CS6 时，经常需要打开一个或多个图像文件进行编辑和修改。Photoshop 可以打开多种文件格式，也可以同时打开多个文件。常用的打开图像文件的方法有以下 3 种：

- 单击“文件”|“打开”命令。

✿ 按【Ctrl＋O】组合键或按【Ctrl＋Shift+Alt＋O】组合键。

✿ 在图像编辑窗口的黑色空白区域处双击鼠标左键。

执行上述任意一种操作后，即可弹出“打开”对话框。若用户要打开所需图像，可以在“查找范围”下拉列表框中选择文件所在的位置，然后在下面的列表框中选定所需的文件，再单击“打开”按钮；或在选定的文件名称上双击鼠标左键，即可打开所需图像文件，如图 2-2 所示。

专家指点

> 用户若要一次打开多个图像文件，可按【Ctrl】键或【Shift】键选择。其中，若要打开多个连续的图像文件，可在单击选定第一个文件后，按住【Shift】键的同时单击最后一个要打开的图像文件；若要打开多个不连续的图像文件，可在单击第一个图像文件后，按住【Ctrl】键的同时依次单击其他所需打开的图像文件，最后单击“打开”按钮即可。

单击“文件”|“最近打开文件”命令，可在弹出的文件名中选择最近保存或打开过的图像文件，如图 2-3 所示。

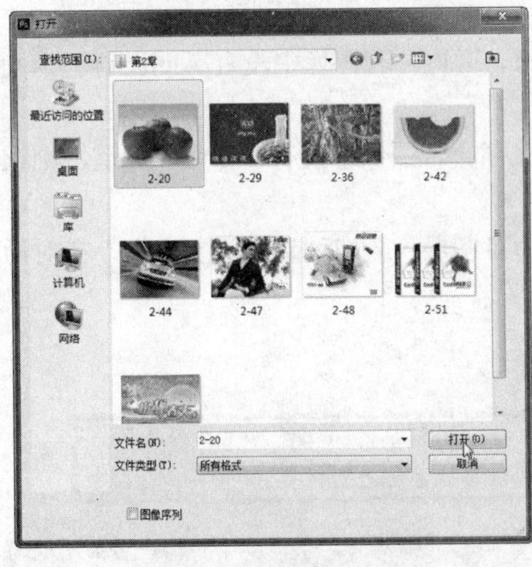

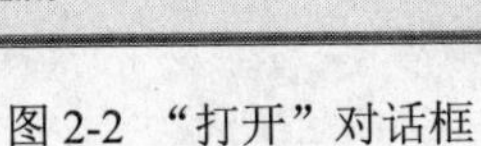

图 2-2 “打开”对话框

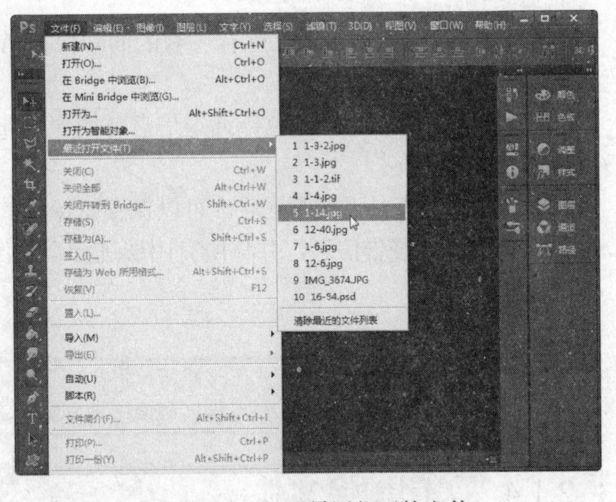

图 2-3 打开最近打开的文件

2.1.3 保存图像文件

在实际工作中，新建或更改后的图像文件需要进行保存，以便于以后使用，这也避免了因停电和死机带来的麻烦。保存图像文件可以通过以下两种方法实现：

✿ 单击“文件”|“存储”命令。

✿ 按【Ctrl＋S】组合键。

若该图像为新建图像，执行以上任何一种操作，都将弹出“存储为”对话框，如图 2-4 所示。用户可以通过该对话框设置文件名、文件格式、创建新文件夹、切换文件夹，以及决定用哪种方式保存文件。该对话框中各主要选项的含义如下：

✿ 保存在：在该下拉列表框中，可以选择存放文件的路径，选定后的路径将显示在文件或文件夹列表中。

✿ 文件名：用于为当前保存的文件定义一个名称，文件名称可以是英文、数字或中文，但不可以输入特殊符号，如*、。、？、！等。

✿ 格式：在该下拉列表框中，用户可以为图像选择一种需要的文件格式。默认情况下为PSD格式，即Photoshop的文件格式。若图像中含有图层且要保存图层内容，以便于日后修改和编辑，则只能使用Photoshop自身的格式进行保存。若以其他格式保存，则在保存时 Photoshop 会自动合并所有图层，这样将失去可反复修改的弹性。

在“存储选项”选项区中，可以根据保存的格式而显示相应的选项，其主要选项含义如下：

✿ 作为副本：可以为该文件保存一份拷贝图像文件，但不影响原文件。例如，对于一幅名为“未标题1”的图像文件，用户可用“未标题1复制”的名称保存。以拷贝方式保存图像文件后，用户仍然可以继续编辑原文件。

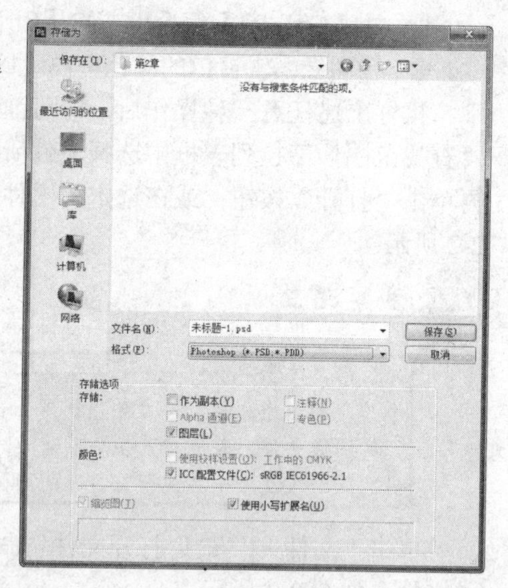

图 2-4 “存储为”对话框

✿ Alpha 通道：可以在保存图像的同时保存 Alpha 通道。若图像中没有 Alpha 通道，则该选项以灰色显示。

✿ 专色：可以将“专色”通道信息与图像一起保存。若图像中没有“专色”通道，则该选项以灰色显示。

✿ 图层：选中该复选框后，可以保存图像中的所有图层；若取消选中该复选框，在对话框的底部将弹出警告信息，并将所有图层进行合并保存。

专家指点

在编辑图像时，若用户不希望对原图像文件进行修改，则可单击“文件”|“存储为”命令或按【Ctrl+Shift+S】组合键，将编辑后的图像文件以其他名称进行保存。

2.1.4 关闭图像文件

当编辑和处理完图像并对其进行保存后，就可以关闭图像窗口。关闭图像可以通过以下几种方法实现：

✿ 单击“文件”|“关闭”命令。
✿ 按【Ctrl+W】组合键。
✿ 按【Ctrl+F4】组合键。
✿ 单击标题栏中的“关闭”按钮。

如果当前打开了多个图像文件，可以单击“文件”|“关闭全部”命令，或按【Ctrl+Alt+W】组合键，将其一起关闭。要退出 Photoshop 程序，可单击“文件”|“退出”命令或按【Ctrl+Q】组合键。

2.1.5 置入图像文件

在进行图像处理过程中，用户可以将图像置入当前编辑的文件，图像既可以是位图，也

可以是矢量图形。单击“文件”|“置入”命令，弹出“置入”对话框，如图 2-5 所示。在“查找范围”下拉列表框中选择文件所在的位置，在文件列表框中选择所需置入的文件，双击鼠标左键或单击“置入”按钮，即可置入所选择的文件。

置入图像后会出现一个浮动的对象控制框，如图 2-6 所示。用户可以改变其位置、方向和大小，调整完成后按【Enter】键确认即可。按【Esc】键可取消图像的置入操作。

图 2-5　“置入”对话框

图 2-6　置入图像后出现的对象控制框

2.2　辅助工具的使用

在 Photoshop CS6 中，为了便于用户在处理图像时能够精确定位指针的位置和对图像进行选择，系统还提供了一些辅助工具，下面将分别进行介绍。

2.2.1　使用标尺

标尺显示了当前鼠标指针所在位置的坐标，应用标尺可以精确选取一定的范围和更准确地对齐对象。单击“视图”|“标尺”命令或按【Ctrl+R】组合键，即可显示或隐藏标尺，如图 2-7 所示。用户可以通过单击“编辑”|“首选项”|“单位与标尺”命令，在弹出的“首选项”对话框中设置标尺的单位，如图 2-8 所示。

图 2-7　显示和隐藏标尺

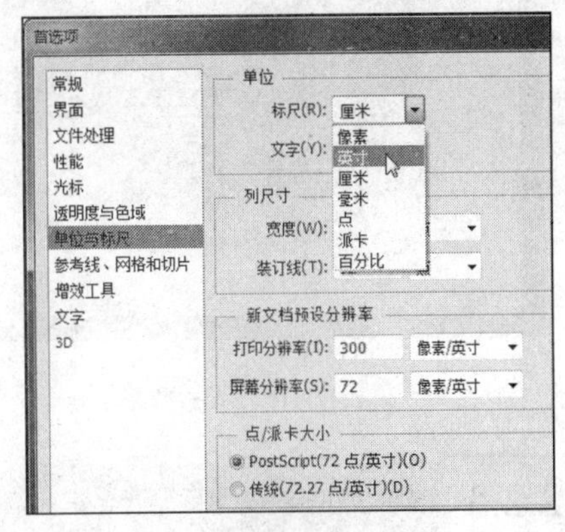

图 2-8　设置标尺的单位

将鼠标指针移动到图像窗口左上角的标尺交叉点上，然后单击鼠标左键，沿对角线向下拖曳，此时会出现一组“十”字线，释放鼠标左键后，标尺上的新原点就出现在刚才释放鼠标左键的位置，如图 2-9 所示。双击图像窗口左上角的标尺交叉点，即可将标尺原点还原到默认位置。

原标尺原点位置

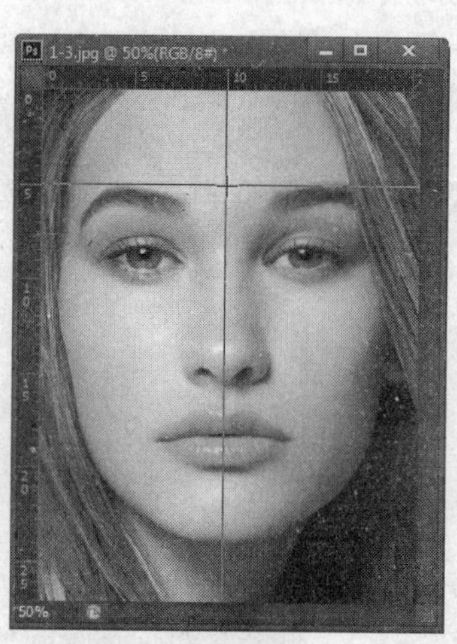

拖动标尺原点位置

标尺原点移动后的位置

图 2-9　更改标尺原点

2.2.2 使用网格

单击“视图”|“显示”|“网格”命令或按【Ctrl+′】组合键，即可在当前图像文件的页面中显示或隐藏网格，如图 2-10 所示。在 Photoshop 中，网格在默认情况下显示为不可打印的灰色直线，但也可以显示为虚线或网点。

单击“视图”|“对齐到”|“网格”命令，在当前图像文件的页面中创建的选区边缘、形状、路径、裁切框、切片或移动图像，都将自动对齐网格，如图 2-11 所示。

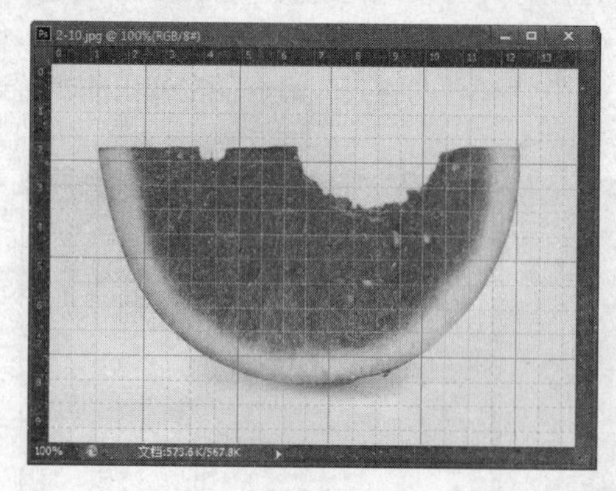

图 2-10　显示网格

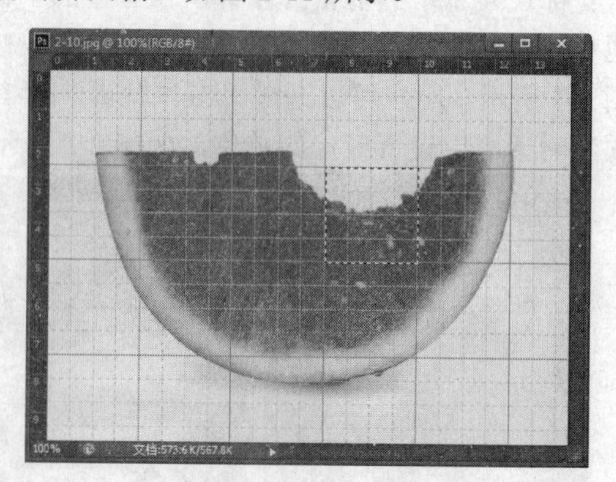

图 2-11　利用对齐网格功能创建选区

2.2.3 使用参考线

参考线是浮在整个图像上不可打印的线，用于对图像进行精确定位和对齐。用户可以移动或删除参考线，也可以锁定参考线。

✿ 确认标尺在当前图像文件中处于显示状态，然后将鼠标指针移动到水平或垂直标尺上，单击鼠标左键并向图像文件内拖曳，释放鼠标左键后，即可在刚才释放鼠标左键的位置添加一条参考线，如图 2-12 所示。

✿ 选取工具箱中的移动工具，将鼠标指针移动到参考线上，当鼠标指针显示为⇹或≑形状时，单击鼠标左键并拖曳，即可移动参考线，如图 2-13 所示。

图 2-12　添加参考线

图 2-13　移动参考线

✿ 用户若要删除一条参考线，可将鼠标指针移动到参考线上，单击鼠标左键并将其拖曳到图像窗口之外，即可将该参考线删除；当要删除全部参考线时，单击“视图”|“清除参考线”命令，即可删除全部参考线。

✿ 单击“视图”|“对齐到”|“参考线”命令，在当前图像文件的页面中创建的选区边缘、形状、路径、裁切框、切片或移动图形，都将对齐参考线。

✿ 单击“视图”|“锁定参考线”命令，可以将参考线锁定。这样在以后的工作中，不会因为不小心而移动它。再次执行上述操作，即可取消锁定参考线的设置。

2.3 控制图像的显示

使用 Photoshop CS6 处理图像时，经常需要对图像显示窗口的大小进行调整，如放大/缩小显示图像、切换显示模式、排列多个图像窗口以及在各窗口之间切换等，如果能够熟练地使用这些简单的窗口操作，可以大大简化编辑图像的操作步骤，从而提高工作效率。

2.3.1 放大/缩小显示图像

当打开一个图像文件时，Photoshop 会自动根据图像的尺寸大小进行显示，如果需要查看图像的细节部分，可以放大显示图像；如果需要查看的部分处于可见区域外，可以缩小显示图像。用户可以通过以下操作放大或缩小显示图像：

✿ 单击“视图”|“放大”命令或按【Ctrl++】组合键，可以放大显示图像。

✿ 单击“视图”|“缩小”命令或按【Ctrl+－】组合键，可以缩小显示图像。

✿ 按住【Alt】键，然后在图像编辑窗口中滑动鼠标的滚轮可以自由地控制图像的显示，向上滑动鼠标滚轮，则向上滚动图像显示；向下滑动鼠标滚轮，则向下滚动图像显示。

✿ 单击“视图”|“按屏幕大小缩放”命令，可以根据当前屏幕大小将图像缩放到最合适的大小；单击“视图”|“实际像素”命令，可以将图像放大到100%显示。

使用工具箱中的缩放工具可以以不同的缩放比例显示图像窗口中的图像。选取工具箱中的缩放工具，将鼠标指针移动到图像窗口中，当鼠标指针呈形状时，单击鼠标左键，即可将图像放大一倍；若在图像窗口中按住【Alt】键，此时鼠标指针呈形状，单击鼠标左键图像将缩小 1/2，如图 2-14 所示。

图 2-14　使用缩放工具放大与缩小显示图像

用户若要缩放指定区域，可以在选取缩放工具后，在图像窗口中框选指定区域，则该区域将被放大至充满窗口，如图 2-15 所示。

图 2-15　通过框选方式放大显示图像

当图像缩放显示超过当前显示窗口时，系统将自动在显示窗口的右侧和下方分别出现垂直滚动条和水平滚动条。此时，选取工具箱中的抓手工具，然后将鼠标指针移动到图像窗口区域，当鼠标指针呈形状时，直接拖动鼠标即可移动图像显示区域。

2.3.2 排列多个图像编辑窗口

在 Photoshop CS6 中，当打开了多个图像编辑窗口时，默认将所有窗口合并为选项卡形式进行显示，用户也可以设置为其他显示模式。单击“窗口”|“排列”命令，在弹出的下拉菜单中选择相应的选项，即可改变图像窗口的显示状态。图 2-16 所示即为利用不同排列方式显示的多个图像编辑窗口。

合并为选项卡形式

垂直拼贴形式

窗口平铺形式

窗口层叠形式

图 2-16　以不同形式显示多个图像编辑窗口

2.3.3　切换图像窗口

当打开多个图像文件时，用户可以通过以下方法切换图像窗口：

- 将鼠标指针移动到另一个图像窗口对应的选项卡上，单击鼠标左键即可将其置为当前图像窗口。
- 按【Ctrl＋Tab】组合键或按【Ctrl＋F6】组合键。

专家指点

单击菜单栏中的“窗口”菜单，所弹出下拉菜单最下面的一个工作组中会列出当前打开的所有图像文件名称，文件名称的前面标有✔符号的表示其为当前窗口，单击另外一个文件名称，即可将其切换为当前图像窗口。

2.4　修改和调整图像

通过“图像”菜单中的命令可以对图像和画布进行设置，如修改图像和画布大小、裁剪和旋转图像等。这都是图像处理过程中经常用到的操作，下面将进行详细介绍。

2.4.1 调整图像大小与分辨率

图像的品质取决于分辨率的大小，当分辨率数值越大时，图像越清晰；反之，则越模糊。更改图像的大小与分辨率，可以直接影响到图像的显示效果。

（1）单击“文件”|“打开”命令，打开一幅鹦鹉素材图像，如图2-17所示。

（2）单击“图像”|“图像大小”命令，弹出“图像大小”对话框，如图2-18所示。

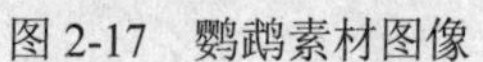

图2-17　鹦鹉素材图像

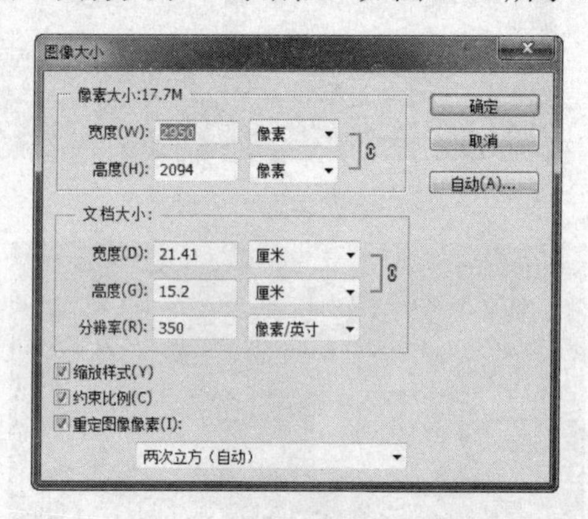

图2-18　“图像大小”对话框

（3）在“文档大小”选项区中设置“宽度”为12.5厘米、“高度”为8.87厘米、“分辨率”为300像素/英寸，然后单击“确定”按钮，即可将图像调整为希望的大小。

在“图像大小”对话框中主要选项的含义如下：

- 像素大小：通过改变该选项区中的“宽度”和“高度”数值，可以调整图像在屏幕上的显示大小，图像的尺寸也相应发生变化。
- 文档大小：通过改变该选项区中的“宽度”、“高度”和“分辨率”数值，可以调整图像的文件大小，图像的尺寸也相应发生变化。
- 约束比例：选中该复选框后，“宽度”和“高度”选项后面将出现“锁链”图标，表示改变其中某一选项设置时，另一选项会按比例同时发生变化。

2.4.2 调整画布大小

图像画布尺寸的大小是指当前图像周围工作空间的大小。有时用户可能需要的不是改变图像的显示或打印尺寸，而是对图像进行裁剪或增加空白区。

（1）单击“文件”|“打开”命令，打开一幅素材图像，然后单击“图像”|“画布大小”命令，弹出“画布大小”对话框，如图2-19所示。

（2）在“新建大小”选项区中重新设置画布的“宽度”和“高度”，然后单击“确定”按钮，即可调整画布大小，效果如图2-20所示。

在“画布大小”对话框中主要选项的含义如下：

- 当前大小：该选项区用于显示当前画布的大小。
- 新建大小：该选项区用于重新设置画布的宽度和高度。
- 定位：该选项区用于设置图像裁切或延伸的方向。默认情况下，图像裁切或扩展是以

图像中心为基准的。若单击其右上角的小方格，则表示裁切或扩展以图像右上角为基准。

✿ 画布扩展颜色：在该下拉列表框中可以选择背景层扩展部分的填充色，也可直接单击其右侧的色彩方块，从弹出的“选择画布扩展颜色”对话框中设置填充的颜色。

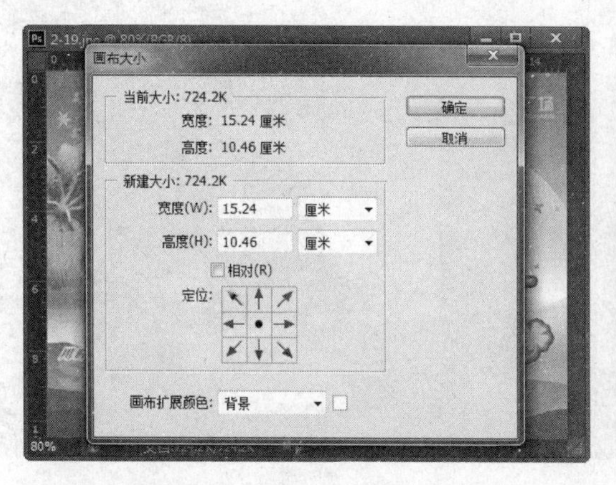

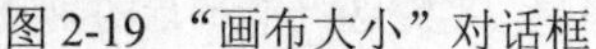

图 2-19 “画布大小”对话框

图 2-20 扩展画布后的效果

2.4.3 旋转图像

当用户使用扫描仪扫描图像时，有时得到的图像效果并不理想，常伴有轻微的倾斜现象，需要对其进行旋转与翻转以修复图像。用户可以通过“图像”|“图像旋转”命令中的各子菜单命令对图像进行旋转和翻转，图 2-21 所示为旋转图像后的效果。

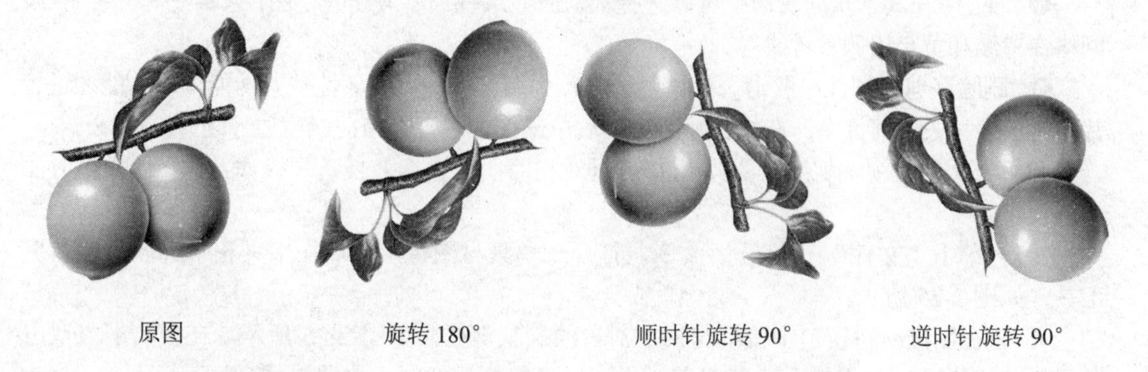

原图　　旋转 180°　　顺时针旋转 90°　　逆时针旋转 90°

图 2-21 旋转图像

2.4.4 裁切图像

在进行图像处理的过程中，有时需要将倾斜的图像修剪整齐，或将图像边缘多余的部分裁去，此时就会用到裁剪工具。选取工具箱中的裁剪工具，其工具属性栏如图 2-22 所示。

图 2-22 “裁剪”工具属性栏

（1）单击“文件”|“打开”命令，打开一幅素材图像，然后在工具箱中选取裁剪工具，在图像编辑窗口中按住鼠标左键并拖动鼠标，创建裁剪区域，如图 2-23 所示。

（2）释放鼠标左键后，图像编辑窗口中将显示一个变换控制框，适当地调整控制框的大小，然后在控制框内双击鼠标左键确定裁剪操作，裁剪后的图像如图 2-24 所示。

图 2-23　创建裁剪区域　　图 2-24　裁剪后的图像

“裁剪”工具属性栏中各主要选项的含义如下：

✿ 大小和比例：用户可以在其下列列表框中选择系统预设的裁剪框的比例或大小，也可以在右侧的文本框中自定义裁剪框的比例或大小。

✿ 旋转裁剪框：单击该按钮，可以对已设置好的裁剪框进行旋转。

✿ 拉直：单击该按钮，可通过绘制参考线来拉直图像。

✿ 视图：在其下拉列表框中可以选择裁剪时显示叠加参考线的视图，包括三等分参考线、网格参考线和黄金比例参考线等。

✿ 删除裁剪的图像：取消选择该复选框，则可以应用非破坏性裁剪功能，该功能在进行裁剪时不会移去任何像素，在执行裁剪操作后单击图像可查看当前裁剪边界之外的区域。

利用新增的透视裁剪工具，用户可以对扭曲图像进行变换透视操作，其具体操作方法如下：

（1）单击“文件”|“打开”命令，打开一幅素材图像，然后在工具箱中选取透视裁剪工具，如图 2-25 所示。

（2）在图像编辑窗口中围绕扭曲的对象绘制裁剪框，如图 2-26 所示。在控制框内双击鼠标左键或按【Enter】键，确认裁剪操作，透视裁剪后的图像如图 2-27 所示。

图 2-25　选取透视裁剪工具

图 2-26　绘制裁剪框

图 2-27　透视裁剪后的图像

2.5　撤销与恢复图像处理操作

使用 Photoshop 处理图像时，可以对所有的操作进行撤销和恢复操作。用户熟练地运用撤销和还原功能将会给工作带来极大的方便。

2.5.1　使用菜单命令

“编辑”菜单中的前 3 个命令用于操作步骤的撤销和恢复。如果要撤销最近一步的图像处理操作，则可执行“编辑”菜单中的第一个命令，此时该命令的内容为“还原+操作名称”；当执行了“还原+操作名称”操作之后，该菜单就会变为“重做+操作名称”，单击此命令又可以还原被撤销的操作，如图 2-28 所示。

还原(O)　Ctrl+Z
前进一步(W)　Shift+Ctrl+Z
后退一步(K)　Alt+Ctrl+Z

未进行任何操作时

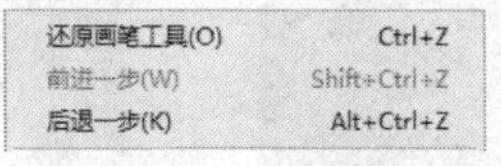

执行某项操作时

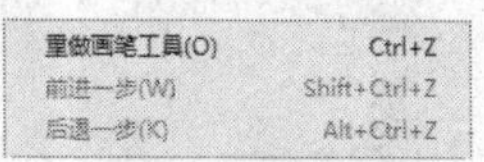

撤销某项操作后

图 2-28　撤销与恢复命令的显示情况

单击“编辑”|“后退一步”命令，或者按【Alt＋Ctrl＋Z】组合键，则可逐步撤销所做的多步操作；而单击“编辑”|“前进一步”命令，或者按【Shift＋Ctrl＋Z】组合键，则可逐步恢复已撤销操作。

2.5.2　使用“历史记录”面板

“历史记录”面板主要用于撤销操作。在当前工作期间可以跳转到所创建图像的任何一个最近状态。每一次对图像进行编辑时，图像的新状态都会添加到该面板中，例如，用户对图像局部进行了选择、绘画和旋转等操作，那么这些状态的每一个操作步骤都会单独地列在“历史记录”面板中，当选择其中的某个状态时，图像将恢复为应用该更改时的外观，此时用户可以以该状态开始工作。

“历史记录”面板主要由快照区、操作步骤区、历史记录画笔区及若干个按钮组成，如图 2-29 所示。

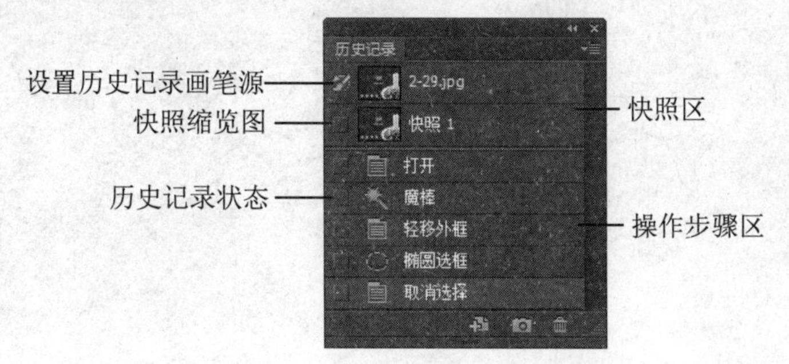

图 2-29　“历史记录”面板

利用“历史记录”面板可以通过如下几种方法撤销与恢复操作：

- 撤销所有操作：当打开一幅图像后，Photoshop 将会把图像的初始状态记录在快照区中，快照名称为文件名。若用户想一次性撤销对图像进行的所有操作，可以直接单击该快照，即可将图像还原为打开时的初始状态。

✿ 撤销指定步骤的操作：要撤销指定步骤后所执行的操作，用户只需要在步骤区中单击该操作名即可。

✿ 恢复撤销后的操作：当用户撤销了某些步骤后，未进行其他的操作时，撤销的步骤呈灰色状态，若用户想恢复刚刚撤销的操作，只需在“历史记录”控制面板中单击想要恢复的步骤，此时即可还原操作，如图 2-30 所示。

✿ 删除步骤：若用户想要删除某些操作步骤，只需选定该步骤，然后单击“历史记录”控制面板中的“删除当前状态”按钮，在弹出的提示信息框中单击“是”按钮即可，如图 2-31 所示。

图 2-30　恢复撤销的步骤　　　　图 2-31　提示信息框

2.5.3　使用历史记录画笔工具

将历史记录画笔工具结合“历史记录”面板使用，可以轻松地将图像的某一区域恢复到某一步操作中，下面将举例说明。

（1）单击“文件”|“打开”命令，打开一幅素材图像，如图 2-32 所示。

（2）单击“滤镜”|“模糊”|“径向模糊”命令，弹出“径向模糊”对话框，设置“数量”值为 8，并选中“旋转”单选按钮和“好”单选按钮，单击“确定”按钮，效果如图 2-33 所示。

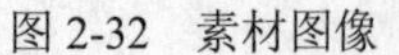

图 2-32　素材图像　　　　图 2-33　径向模糊后的效果

（3）单击“窗口”|“历史记录”命令，弹出“历史记录”面板，在该面板中单击“打开”操作步骤，即可将“打开”状态下的图像设置为历史记录画笔源，如图 2-34 所示。

（4）选取工具箱中的历史记录画笔工具，然后单击工具属性栏中“画笔预设”右侧的下拉按钮，在弹出的下拉面板中设置“大小”值为 50、“硬度”为 0%，如图 2-35 所示。

（5）移动鼠标指针至图像编辑窗口中，在人物部分按住鼠标左键并拖动，使拖动处的图像恢复至应用“径向模糊”滤镜前的效果，如图 2-36 所示。

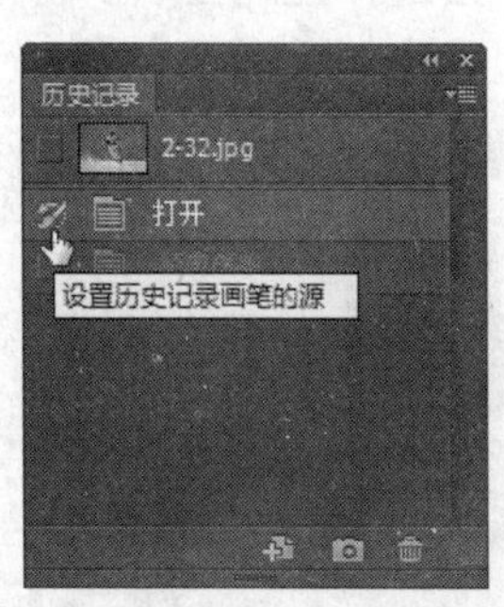

图 2-34　“历史记录”面板　图 2-35　设置画笔大小和硬度　图 2-36　拖曳后的效果

2.6　颜色的选取与填充

在 Photoshop 中选取颜色，主要是为了设置前景色和背景色，运用“拾色器”对话框和吸管工具，都可选取所需的颜色，下面将介绍常用的选取与填充颜色的方法。

2.6.1　设置前景色和背景色

工具箱中有一个前景色和背景色设置区域，用户可通过该区域设置当前使用的前景色和背景色，如图 2-37 所示。

图 2-37　前景色和背景色设置区域

默认前景色为黑色、背景色为白色，而在 Alpha 通道中，默认的前景色是白色、背景色是黑色。

该区域中各图标的含义如下：

- “设置前景色/背景色”色块：单击相应的色块，将弹出“拾色器”对话框，选取一种颜色，即可更改图像的前景色或背景色。
- “切换前景色和背景色”按钮：单击该按钮，可以将当前的前景色和背景色互换。
- “默认前景色和背景色”按钮：单击该按钮，可以将当前的前景色和背景色恢复为默认的黑色和白色。

专家指点

按【D】键，可将前景色与背景色恢复为默认的颜色设置；按【X】键，可将前景色与背景色互换。

2.6.2　运用“拾色器”对话框

无论单击“设置前景色”色块还是“设置背景色”色块，都将弹出“拾色器”对话框（如图 2-38 所示），用户可以从中选择所需的颜色。移动鼠标指针至色域框中的某位置，单击鼠标左键，“选取标志”◯就会移动到该位置，表示选择的是当前位置的颜色。色域框右侧的颜色条为色调滑杆，拖曳左右两侧的三角形滑块，可以调整颜色的不同色调，在色调滑杆上单击鼠标左键，可快速移动三角形滑块。

在设计网页时，可能需要选择网络安全色，在“拾色器”对话框中选中“只有 Web 颜色”复选框，此时的“拾色器”对话框如图 2-39 所示。用户在该状态下直接选择正确显示于因特网的颜色即可。

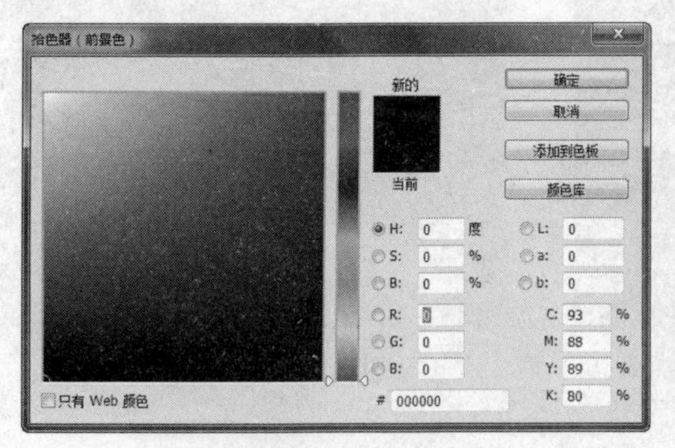

图 2-38 “拾色器”对话框

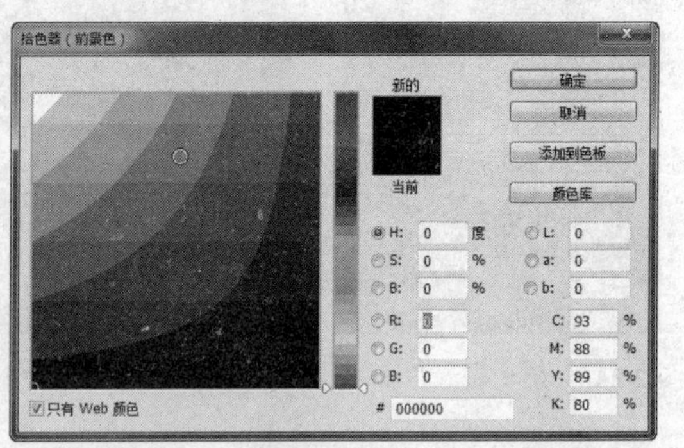

图 2-39 选中“只有 Web 颜色”复选框

2.6.3 运用吸管工具

用户在 Photoshop 中处理图像时，经常需要从图像中获取颜色。例如，要修补图像中某个区域的颜色，通常要从该区域附近找出相近的颜色，然后再用该颜色处理需要修补的区域，此时需要用到“吸管”工具。吸管工具可以在图像和“颜色”面板中选取颜色，同时在“信息”面板中将显示所选颜色的色彩信息。利用吸管工具选取颜色的方法如下：

（1）单击“文件”|“打开”命令，打开一幅素材图像，选择工具箱中的“吸管”工具，然后在图像编辑窗口中的任意位置单击鼠标左键选取颜色，如图 2-40 所示。

（2）此时选取的颜色会自动定义为前景色，同时在“信息”面板中会显示所选颜色的色彩信息，如图 2-41 所示。

图 2-40 使用“吸管”工具选取颜色

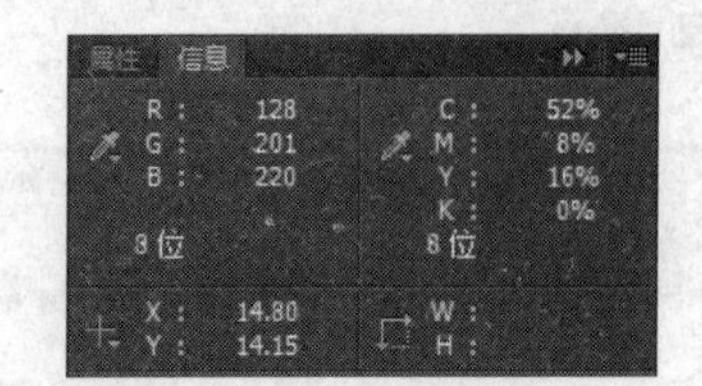

图 2-41 “信息”面板

将鼠标指针移至“色板”面板或“颜色”面板的颜色框中，单击鼠标左键即可将选取的颜色定义为前景色。

为了便于用户了解某些点的颜色值以方便颜色设置，Photoshop 还提供了一个“颜色取样器”工具，用户可以使用该工具查看图像中若干关键点的颜色值，以便在调整颜色时作参考。

选取工具箱中的“颜色取样器”工具，在图像中单击要查看颜色值的关键点，此时这些点将以、、取样点的形式显示在所单击的图像处（如图2-42所示），若图像是RGB模式，“信息”面板中将显示其相应点的R、G、B的参数值，如图2-43所示。

图2-42　取样颜色

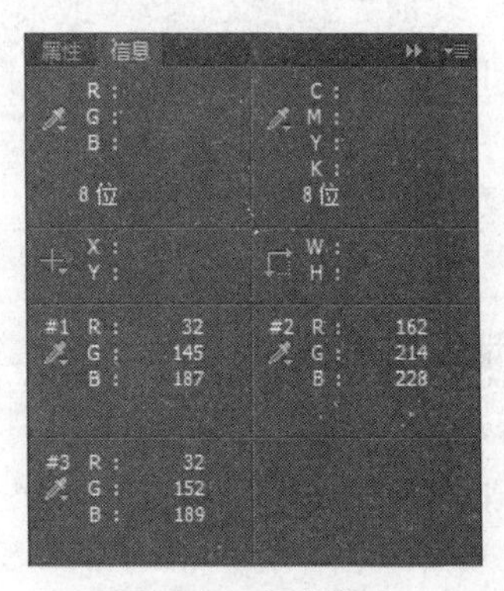

图2-43　颜色信息

专家指点

使用颜色取样器工具对图像颜色进行取样时，取样点最多只能显示4个。若用户在查看完4个取样点后，还想获得图像中其他点的颜色信息，可在按住【Alt】键的同时，移动鼠标指针至图像中的某取样点上，当鼠标指针呈剪刀形状时，单击鼠标左键，即可将该取样点删除，然后可继续用颜色取样器工具在图像中获取其他点的色彩信息。

2.6.4　快速填充颜色

用户选取颜色后，即可为当前图层或创建的选区填充颜色，可以通过以下两种方法快速填充颜色：

- 按【Alt+Delete】组合键或【Alt+Backspace】组合键可填充前景色；按【Ctrl+Delete】组合键或【Ctrl+Backspace】组合键可填充背景色。
- 单击“编辑”|“填充”命令，弹出“填充”对话框（如图2-44所示），在“使用”下拉列表框中选择要填充的内容，如“前景色”，并单击“确定”按钮即可填充颜色。

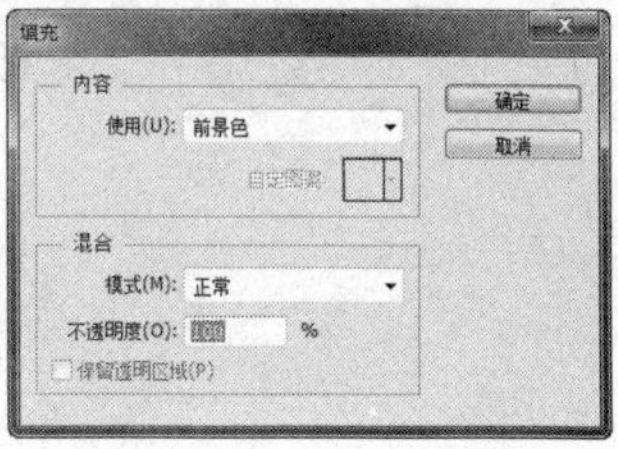

图2-44　“填充”对话框

“填充”对话框中主要选项的含义如下：

- 内容：在“使用”下拉列表框中可选择要填充的内容，这些填充方式包括“前景色”、“背景色”、“颜色”、“图案”和“历史记录”等选项。当选择“图案”填充方式时，该对话框中的“自定图案”选项被激活，并可从该下拉列表中选择用户定义好的图案进行填充。
- 混合：用于设置模式和不透明度。
- 保留透明区域：对图层进行颜色填充时，可以保留透明的部分不填充颜色，该复选框只有对透明的图层进行填充时才有效。

2.7 课后习题

一、填空题

1．新建图像文件的快捷键为__________，保存图像文件的快捷键为__________，打开图像文件的快捷键为__________。

2．在“裁剪”工具属性栏中取消选择__________复选框，则可以应用非破坏性裁剪功能，该功能在进行裁剪时不会移去任何像素，在执行裁剪操作后单击图像可查看当前裁剪边界之外的区域。

3．按__________组合键或__________组合键可填充前景色；按__________组合键或__________组合键可填充背景色。

二、简答题

1．新建和打开图像文件分别有哪几种方法？

2．如何使用裁剪工具和透视裁剪工具裁切图像？

3．设置前景色与背景色的常用方法主要有哪些？

三、上机操作

1．打开一幅 PSD 格式的图像文件，然后将其保存为 JPEG 格式。

2．运用裁剪工具和透视裁剪工具对图像进行裁剪。

3．利用本章讲解的几种常用的颜色选取方法，设置前景色和背景色。

第 3 章　创建与编辑选区

使用 Photoshop 处理图像时，创建和编辑选区是一项非常重要的工作。运用工具对图像进行编辑的大部分操作只对当前选区内的图像有效，因此选取范围的准确与否，都与图像处理的效果有着密切的联系。Photoshop 中有丰富的创建选区的工具，如矩形选框工具、椭圆选框工具、套索工具及魔棒工具等，用户可以根据需要使用这些工具创建不同的选区。

3.1　轻松创建选区

在 Photoshop 中，选区是一个非常重要的概念，调整图像的色调与色彩、运用工具对图像进行编辑等大部分操作只对当前选区内的图像有效，所以，掌握好各种选区的创建方法就显得尤为重要。

3.1.1　使用选框工具创建规则选区

在 Photoshop 中，运用矩形选框工具，椭圆选框工具、单行选框工具和单列选框工具可以创建出规则的选区，下面对这些工具及其操作方法进行详细的介绍。

运用矩形选框工具创建选区

运用“矩形选框”工具可以创建规则的矩形选区。选择工具箱中的矩形选框工具，移动光标至图像编辑窗口，按住鼠标左键并拖曳，至合适位置后释放鼠标左键，即可创建一个矩形选区，如图 3-1 所示。

图 3-1　创建矩形选区

运用矩形选框工具创建选区时，若需要得到精确的矩形选区或控制创建选区的操作，可在矩形选框工具的属性栏中进行相应的参数设置。

矩形选框工具的属性栏如图 3-2 所示。该工具属性栏分为 3 个部分：选区运算方式、羽化和消除锯齿以及样式，这 3 个部分分别用于创建选区时不同参数的控制。

图 3-2　矩形选框工具属性栏

（1）选区运算方式

选区运算方式中提供了 4 个不同的创建选区的按钮，它们分别是“新选区”按钮、“添加到选区”按钮、“从选区减去”按钮和“与选区交叉”按钮，单击不同的按钮，所获得的选区也不相同。

✿ “新选区”按钮▣：单击该按钮，然后在图像编辑窗口中按住鼠标左键并拖曳，每次只能创建一个新选区。若当前图像编辑窗口中已经存在选区，创建新选区时将自动替换原选区。

✿ “添加到选区”按钮▣：单击该按钮，在图像编辑窗口中创建选区时，将在原有选区的基础上添加新的选区（如图 3-3 所示），相当于按住【Shift】键的同时创建选区的效果。

图 3-3　添加到选区

✿ “从选区减去”按钮▣：单击该按钮，在图像编辑窗口中创建选区时，将在原有选区中减去与新选区相交的部分（如图 3-4 所示），相当于按住【Alt】键的同时创建选区的效果。

图 3-4　从选区减去

✿ “与选区交叉”按钮▣：单击该按钮，在图像编辑窗口中创建选区时，将在原有选区和新建选区相交的部分生成最终选区，如图 3-5 所示。

图 3-5　与选区交叉

（2）羽化和消除锯齿

羽化可以使选区边缘得到柔和的效果，羽化选区参数的取值范围为0.2～250像素，其数值越大，选区的边缘会变得越朦胧。

“消除锯齿”复选框用于消除不规则轮廓边缘的锯齿，从而使选区边缘变得平滑。

（3）样式

运用选框工具创建选区时，可以在工具属性栏中设置创建选区的样式，它们分别是“正常”、“固定比例”和“固定大小”，其具体含义如下：

- 正常：选择该选项，在图像窗口中可以创建任意大小的选区。
- 固定比例：选择该选项，将激活其右侧的“宽度”和“高度”文本框，在文本框中输入数值，可创建精确的宽高比固定的选区。
- 固定大小：选择该选项，可以创建大小固定的选区。

专家指点

若需要创建正方形选区，可在选取矩形选框工具后，在图像编辑窗口中按住【Shift】键的同时按住鼠标左键并拖曳。

运用椭圆选框工具创建选区

运用椭圆选框工具可以创建椭圆形选区。选择工具箱中的椭圆选框工具，然后移动光标至图像编辑窗口中，按住鼠标左键并拖曳，至合适位置后释放鼠标左键，即可创建一个椭圆选区，如图3-6所示。

专家指点

若按住【Shift】键的同时，运用椭圆选框工具在图像窗口中按住鼠标左键并拖曳，可创建一个正圆选区，如图3-7所示。若按住【Alt】键的同时按住鼠标左键并拖曳，则创建的选区是以鼠标单击点为中心，向四周扩展的椭圆选区。

图3-6　创建椭圆选区

图3-7　创建正圆选区

（1）单击“文件”|“打开”命令，打开一幅素材图像，如图3-8所示。

（2）单击工具箱中的“设置前景色”色块，在弹出的“拾色器（前景色）”对话框中设置颜色为红色（RGB 颜色参数值分别为 244、190、187），单击“确定”按钮。

（3）单击“图层”面板底部的“创建新图层”按钮，新建“图层 1”，选择工具箱中的椭圆选框工具，移动光标至图像编辑窗口的合适位置，按住鼠标左键并拖曳，至合适位置后释放鼠标左键，创建一个椭圆选区，如图 3-9 所示。

图 3-8　打开的素材图像

图 3-9　创建的选区

（4）单击“选择”|“修改”|“羽化”命令，弹出“羽化选区”对话框，设置“羽化半径”为 10，单击“确定”按钮。

（5）按【Alt+Delete】组合键，填充前景色，单击“选择”|“取消选择”命令，取消选区，效果如图 3-10 所示。

（6）用与上述相同的方法，为人物的右脸颊添加美丽腮红，效果如图 3-11 所示。

图 3-10　填充颜色的图像

图 3-11　添加美丽腮红后的图像

椭圆选框工具的属性栏如图 3-12 所示。其中的选项与矩形选框工具的选项基本相同。

羽化: 0 px　消除锯齿　样式: 正常　宽度:　高度:　调整边缘...

图 3-12　椭圆选框工具属性栏

该属性栏中的“消除锯齿”复选框可以防止图像产生锯齿，选中该复选框，Photoshop 就会在锯齿之间填充色调介于边缘与背景之间的颜色，使选区的边缘显得较为平滑，从而消除图像锯齿。

运用单行或单列选框工具创建选区

运用单行或单列选框工具可以非常精确地选择图像的一行像素或一列像素，若对创建的选区进行填充，可得到一条横线或竖线。

这两个选框工具的操作方法都非常简单，选择工具箱中的单行或单列选框工具，移动光标至图像编辑窗口，单击鼠标左键，即可创建单行或单列选区，如图 3-13 所示。

图 3-13　创建的单行选区和单列选区

专家指点

> 在 Photoshop 中绘制表格或许多平行线和垂直线时，运用工具箱中的单行或单列选框工具，可提高工作效率。

3.1.2 使用套索工具创建不规则选区

Photoshop 提供了 3 种套索工具：“套索”工具、“多边形套索”工具和“磁性套索”工具，用户使用这 3 种套索工具可以非常方便地创建不规则选区，下面将分别对其进行详细讲解。

运用套索工具创建选区

运用套索工具可以创建任意形状的选区，套索工具属性栏如图 3-14 所示。其“羽化”和“消除锯齿”选项的含义与椭圆选框工具的类似，在此不再赘述。

羽化: 0像素　消除锯齿　调整边缘...

图 3-14　套索工具属性栏

选择工具箱中的套索工具，移动光标至图像编辑窗口中的合适位置，按住鼠标左键并拖曳，以选择所需要的图像范围，当鼠标指针回到起点位置时，释放鼠标左键，即可创建所需要的选区，如图 3-15 所示。

运用套索工具创建选区时，可在按住【Alt】键的同时单击鼠标左键，此时鼠标的单击点将与上一个单击点以直线相连，如图 3-16 所示。在按住【Alt】键的同时按住鼠标左键并拖曳，也能形成任意曲线，一旦释放鼠标左键和【Alt】键，选区的起始点与终点将变为以直线相连，从而构成任意形状的封闭选区。

图 3-15　运用套索工具创建的选区

图 3-16　在按住【Alt】键的同时创建选区

专家指点

在运用套索工具创建选区时，若按住【Delete】键，则可以使曲线逐渐变直，直到最后删除当前选区。需要注意的是，当按住【Delete】键时，最好停止拖曳鼠标。另外，在未释放鼠标左键前，按【Esc】键，可以直接取消当前的选择操作。

运用多边形套索工具创建选区

使用“多边形套索”工具可以创建三角形、多边形和星形等形状的选区，该工具适用于边界为直线或边界复杂的图像。选择工具箱中的“多边形套索”工具后，只需在图像编辑窗口中单击图像边缘上的不同位置，系统会自动将这些点依次以直线连接起来。

（1）单击“文件”|“打开”命令，打开两幅素材图像，如图 3-17 所示。

图 3-17　打开的素材图像

（2）选择工具箱中的“多边形套索”工具，将鼠标指针移至客厅的电视屏幕左上角，单击鼠标左键，确认起始点，依次在电视机的其他角上单击鼠标左键，当鼠标指针和起点重合时，单击鼠标左键，创建封闭的多边形选区，如图3-18所示。

（3）确认花缸图像窗口为当前图像编辑窗口，单击“选择”|“全部”命令，全选图像，单击“编辑”|“拷贝”命令，拷贝选区中的图像，切换客厅图像为当前工作图像，单击“编辑”|“贴入”命令，贴入拷贝的图像，并调整其大小及位置，效果如图3-19所示。

图3-18　创建多边形选区

图3-19　最终效果

专家指点

在创建选区的过程中，若希望结束添加套索路径的点，可以按住【Ctrl】键的同时单击鼠标左键，或双击鼠标左键。

运用磁性套索工具创建选区

磁性套索工具是一个智能化的选区工具，使用它可以方便、快捷地选择边缘较光滑且对比度较强的图像，并且还可以按图像的不同颜色将颜色相近的部分选取出来（这是根据选区边缘在特定宽度内不同像素值的反差来确定的），其属性栏如图3-20所示。

羽化: 0 px　消除锯齿　宽度: 10 px　对比度: 10%　频率: 57　调整边缘...

图3-20　磁性套索工具属性栏

该工具属性栏中各主要选项的含义如下：

- 宽度：用于设置磁性套索工具自动查找颜色边缘的宽度范围，可输入1～256之间的任意数值，输入的数值越大，查找的范围就越大。
- 对比度：用于设置边缘的对比度，数值越大，磁性套索工具对颜色对比反差的敏感程度越低。
- 频率：用于设置磁性套索工具在自动创建选区边界线时确定定位节点的数量，数值越大，定位节点就越多，得到的选区也越精确。

（1）单击“文件”|“打开”命令，打开一幅素材图像。选择工具箱中的“磁性套索”工具，在图像的沙发边缘处单击鼠标左键，确定起始点，并沿着沙发的边缘拖曳鼠标，如图3-21所示。

（2）继续拖曳鼠标，并将鼠标指针移至起始位置，当鼠标指针呈带圆圈的套索形状时，单击鼠标左键，即可创建闭合选区，如图3-22所示。

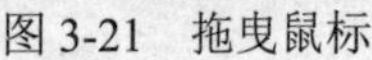

图 3-21　拖曳鼠标

图 3-22　使用磁性套索工具创建选区

（3）单击“选择”|“修改”|“羽化”命令，在弹出的“羽化选区”对话框中设置“羽化半径”为 2 像素（如图 3-23 所示），单击“确定”按钮。

（4）单击“图像”|“调整”|“通道混合器”命令，弹出“通道混合器”对话框，在“通道混合器”对话框的“输出通道”下拉列表框中选择“红”选项，在“源通道”选项区中设置各项参数，如图 3-24 所示。

图 3-23 “羽化选区”对话框

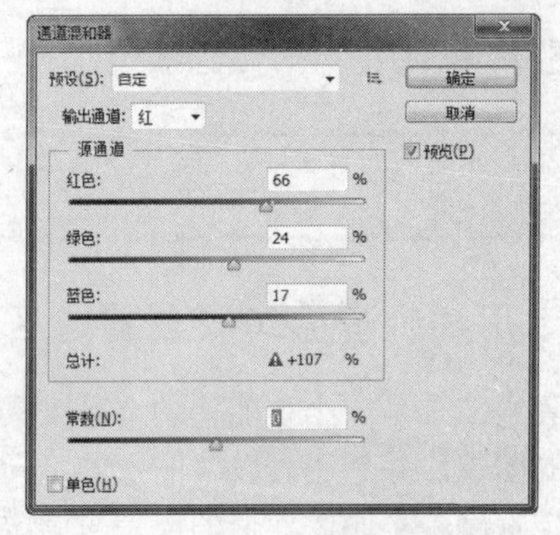

图 3-24　设置红通道

（5）在“输出通道”下拉列表框中选择“绿”选项，并对其参数进行相应的设置，如图 3-25 所示。

（6）单击“确定”按钮，即可更改选区内的颜色，单击“选择”|“取消选择”命令，取消选区，效果如图 3-26 所示。

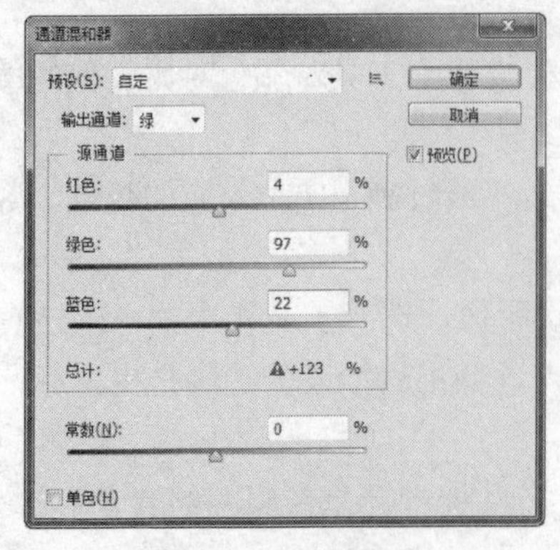

图 3-25　设置绿通道

图 3-26　更改选区颜色后的效果

3.1.3　使用魔棒工具选取颜色相近的选区

魔棒工具根据一定的颜色范围来创建颜色相同或相近的选区。选取工具箱中的“魔棒”工具，移动光标至图像编辑窗口，在需要创建选区的位置单击鼠标左键，系统会自动将图像中包含了单击处颜色的部分作为一个新的选区。“魔棒”工具属性栏如图 3-27 所示。

取样大小：取样点　容差：5　消除锯齿　连续　对所有图层取样　调整边缘...

图 3-27　魔棒工具属性栏

该工具属性栏中主要选项的含义如下：

- 容差：在其右侧的文本框中可以设置 0～255 之间的数值，它主要用于确定选择范围的容差，默认值为 32。设置的数值越小，选择的颜色范围越相近，选择的范围也就越小。
- 连续：选中该复选框，表示只选择鼠标单击处邻接区域中符合要求的像素；取消选择该复选框，则能够选择符合像素要求的所有区域。
- 对所有图层取样：选中该复选框，将在所有可见图层中应用魔棒工具；取消选择该复选框，则魔棒工具只选取当前图层中颜色相近的区域。

（1）单击“文件”|“打开”命令，打开两幅素材图像。确认绿树图像为当前工作图像，选择工具箱中的“魔棒”工具，在工具属性栏中设置“容差”值为 10。

（2）移动鼠标指针至图像编辑窗口的白色背景处，单击鼠标左键，创建一个选区，如图 3-28 所示。

（3）单击工具属性栏中的“添加到选区”按钮，在图像的其他白色背景区域单击鼠标左键，以选择全部白色背景，如图 3-29 所示。

图 3-28　创建的选区

图 3-29　添加到选区

（4）单击“选择”|“反向”命令，将选区反选（如图 3-30 所示），单击“编辑”|“拷贝”命令，复制选区内的图像。

专家指点

单击“选择”|“全部”命令或按【Ctrl+A】组合键，即可对整幅图像创建选区。单击“选择”|“反向”命令或【Ctrl+Shift+I】组合键可反选选区。

（5）确认地球图像为当前工作图像，单击“编辑”|“粘贴”命令，粘贴所复制的图像，并适当调整粘贴图像的大小及位置，效果如图 3-31 所示。

图 3-30　反选选区

图 3-31　最终效果

3.1.4　使用“色彩范围”命令创建选区

“色彩范围”命令用于选择颜色相似的像素，该命令是从整幅图像中选取与指定颜色相似的像素，而不仅仅是选择与单击处颜色相似的区域。运用“色彩范围”命令创建指定选区的具体操作步骤如下：

（1）单击“文件”|“打开”命令，打开一幅素材图像，如图 3-32 所示。

（2）单击“选择”|“色彩范围”命令，弹出“色彩范围”对话框，设置“颜色容差”为 200，选中“图像”单选按钮，移动鼠标指针至预览框的洋红色心形上，单击鼠标左键取样颜色，如图 3-33 所示。

（3）单击“确定”按钮，创建的选区如图 3-34 所示。

图 3-32　素材图像

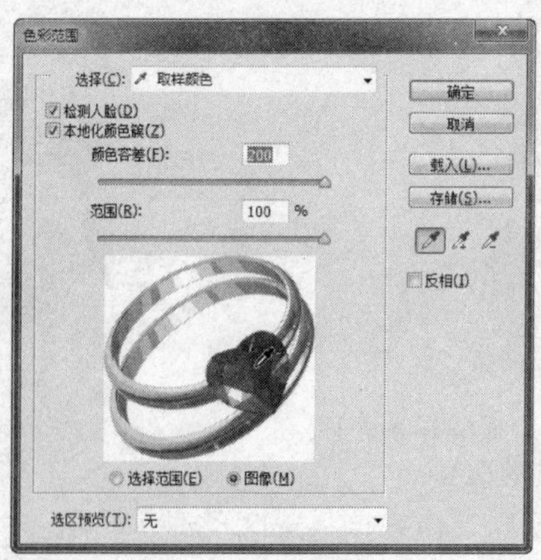

图 3-33　取样颜色

图 3-34　创建选区

（4）选择工具箱中的“魔棒”工具，将心形中未被选择的部分添加到选区，效果如图 3-35 所示。

（5）按【Shift+F6】组合键，弹出“羽化选区”对话框，设置“羽化半径”为 2 像素，单击“确定”按钮。单击“图像”|“调整”|“色相/饱和度”命令，弹出“色相/饱和度”对

话框，在其中设置各项参数，如图 3-36 所示。

（6）单击“确定”按钮，调整选区的颜色，效果如图 3-37 所示。

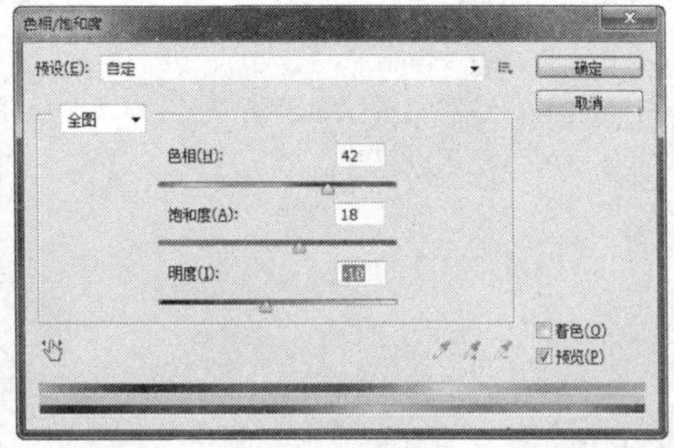

图 3-35　运用魔棒工具修改选区　　图 3-36　“色相/饱和度”对话框　　图 3-37　调整颜色后的效果

专家指点

> 在“色彩范围”对话框的“选择”下拉列表框中选择“肤色”选项，即可开启 Photoshop CS6 新增的肤色识别功能，从而在图像中人物的头发、面部和肌肤部分创建选区。

3.1.5　使用快速蒙版创建选区

快速蒙版模式是一种非常有效的创建选区的方法。在快速蒙版编辑模式下，用户可以使用画笔工具和橡皮擦工具等编辑蒙版，然后将蒙版转换为选区。运用快速蒙版创建随意选区的具体操作步骤如下：

（1）单击“文件”|“打开”命令，打开一幅素材图像，如图 3-38 所示。单击“图层”|“新建”|“通过拷贝的图层”命令，复制“背景”图层，得到一个新图层——“图层 1”，单击“图层”面板中“背景”图层名称前的“指示图层可见性”图标，隐藏“背景”图层。

（2）单击工具箱中的“以快速蒙版模式编辑”按钮，切换至快速蒙版模式，选择工具箱中的画笔工具，在其属性栏中设置画笔的“主直径”为 50px、“硬度”为 0%。

（3）移动鼠标指针至图像窗口中的背景图像处，按住鼠标左键并拖曳，此时鼠标指针所经过处将以红色显示，依次在其他的位置进行涂抹，效果如图 3-39 所示。

图 3-38　素材图像

图 3-39　涂抹效果

（4）单击工具箱中的“以标准模式编辑”按钮，或按【Q】键，切换至标准编辑模式，系统自动将被蒙版的区域转换成选区，如图 3-40 所示。

（5）按【Shift+F6】组合键，弹出“羽化选区”对话框，设置“羽化半径”为 2 像素，并单击“确定”按钮。

（6）单击“图层”面板底部的“添加图层蒙版”按钮，为“图层 1”图层添加蒙版，以抠取图像，如图 3-41 所示。

图 3-40　转换成选区

图 3-41　添加图层蒙版后的效果

3.2 编辑和修改选区

在创建选区后，为了达到满意的效果，仅仅使用以上工具是很难达到预期效果的，这时就需要对创建的选区进行相应的编辑，如移动选区的位置、对选区进行变换操作等，以满足工作的需要。

3.2.1 移动和羽化选区

使用 Photoshop 处理图像时，对创建的选区进行移动和羽化操作是经常用到的。读者在学习时不仅要掌握此操作，还要熟练地运用此操作。

移动选区

如果要移动选区，只需将鼠标指针移至创建的选区内，此时鼠标指针呈形状，按住鼠标左键并拖曳，即可移动选区的位置，如图 3-42 所示。

图 3-42　移动选区

专家指点

在移动创建的选区时，若按住【Shift】键的同时按住鼠标左键并拖曳，可以沿水平、垂直或45°角的方向移动选区。使用键盘上的上、下、左、右4个方向键，可以精确地移动选区位置。

羽化选区

对选区进行羽化操作，可以柔化选区边缘，产生渐变过渡的效果，羽化选区的具体操作步骤如下：

（1）单击“文件”|“打开”命令，打开两幅素材图像，如图3-43所示。

图3-43　素材图像

（2）确认地球图像为当前工作图像，选择工具箱中的“椭圆选框”工具，移动鼠标指针至图像编辑窗口的合适位置，按住鼠标左键并拖曳，至合适位置后释放鼠标左键，创建椭圆选区。

（3）单击“选择”|“修改”|“羽化”命令，在弹出的“羽化选区”对话框中设置“羽化半径”为50像素，并单击“确定”按钮羽化选区，如图3-44所示。

（4）按【Ctrl+C】组合键复制选区内的图像。确认绿色背景图像为当前工作图像，按【Ctrl+V】组合键粘贴所复制的图像，并调整图像的大小及位置，效果如图3-45所示。

图3-44　羽化后的选区

图3-45　图像最终效果

3.2.2 变换选区

运用变换选区的方法，可以对选区进行缩放、旋转、镜像等操作，其具体操作方法如下：

（1）单击“文件”|“打开”命令，打开一幅素材图像，运用“色彩范围”命令和魔棒工具选取图像中的花朵部分，如图 3-46 所示。

（2）单击“选择”|“自由变换”命令，此时选区周围显示 8 个变换控制柄，如图 3-47 所示。

（3）在图像上单击鼠标右键，在弹出的快捷菜单中选择“旋转 180 度”选项，按【Enter】键进行确认，即可对选区进行旋转操作，如图 3-48 所示。

图 3-46 创建选区

图 3-47 调出变换控制框

图 3-48 变换选区后的效果

专家指点

在变换选区时，按住【Shift】键的同时拖曳变换控制柄，可保持选区的高宽比例不变；旋转选区的同时按住【Shift】键，将以 15°角为增量进行旋转。

3.2.3 扩展与收缩选区

若用户对创建的选区不满意，可以利用“扩展”或“收缩”命令调整选区。

在图像文件中创建好选区后，单击“选择”|“修改”|“扩展”命令，将弹出“扩展选区”对话框，用户可以通过设置该对话框中的“扩展量”数值，来扩展当前选区，如图 3-49 所示。

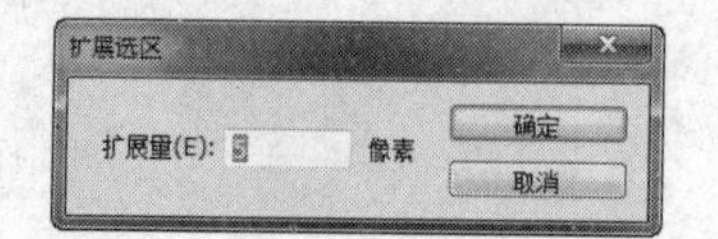

图 3-49 原选区与扩展后的选区

在图像文件中创建好选区后，单击“选择”|“修改”|“收缩”命令，将弹出“收缩选区”对话框，用户可以通过设置该对话框中的“收缩量”数值，来收缩当前选区，如图3-50所示。

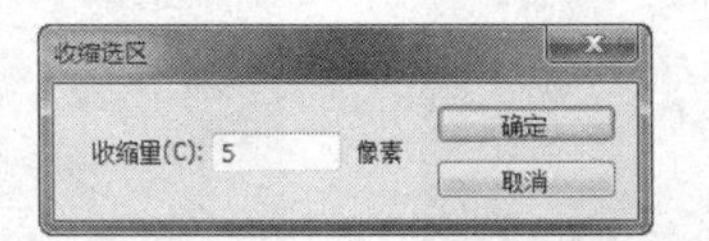

图3-50 原选区与收缩后的选区

3.2.4 边界与平滑选区

使用“边界”命令可以在选区边缘新建一个选区，使用“平滑”命令可以使选区边缘平滑。通过“边界”和“平滑”命令可使图像中选区的边缘更加完美。

边界选区

使用“边界”命令，可以修改选区边缘的像素宽度，执行该命令后，选区只有虚线包含的边缘轮廓部分。

单击“选择”|“修改”|“边界”命令，弹出“边界选区”对话框，在该对话框中设置“宽度”为30像素，单击“确定”按钮，即可执行“边界”命令，如图3-51所示。

图3-51 原选区与执行边界命令后的选区

平滑选区

“平滑”命令用于平滑选区的尖角和去除锯齿。单击“选择”|“修改”|“平滑”命令，弹出“平滑选区”对话框，在该对话框中设置“取样半径”为20像素，单击“确定”按钮，即可对选区进行平滑处理，如图3-52所示。

图 3-52　原选区与平滑后的选区

专家指点

在 Photoshop 中编辑图像时，对图像所做的一切操作都被限定在选区中，若用户不再需要当前选区，则单击“选择”|“取消选择”命令或按【Ctrl+D】组合键，即可取消该选区。

取消选区后，单击“选择”|“重新选择”命令或按【Ctrl+Shift+D】组合键，即可恢复刚才取消的选区。

3.2.5 扩大选区的范围

使用“扩大选取”命令，可以根据当前选区中的颜色和相似程度扩大选区，其选择颜色的相似程度由“魔棒”工具属性栏中的“容差”值决定，如图 3-53 所示。

图 3-53　原选区与使用“扩大选取”命令后的选区

使用“选取相似”命令，可以选择整幅图像中位于容差范围内的像素，而不只是相邻的区域，如图 3-54 所示。

图 3-54　原选区与使用“选取相似”命令后的选区

3.2.6　存储和载入选区

Photoshop 为用户提供了 Alpha 通道以存放选区，由于通道可以随文件一起保存，因此下次打开图像时，可以继续使用选区。存储和载入选区的具体方法如下：

（1）单击“文件”|“打开”命令，打开一幅素材图像，选取工具箱中的魔棒工具，创建一个选区，如图 3-55 所示。

（2）单击“选择”|“存储选区”命令，弹出“存储选区”对话框，设置“名称”为“金鱼选区”（如图 3-56 所示），并单击“确定”按钮，即可存储选区。

（3）按【Ctrl+D】组合键取消选区，然后单击“选择”|“载入选区”命令，弹出“载入选区”对话框，在“通道”下拉列表框中选择“魔棒选区”选项（如图 3-57 所示），单击“确定”按钮，即可载入选区。

图 3-55　创建选区

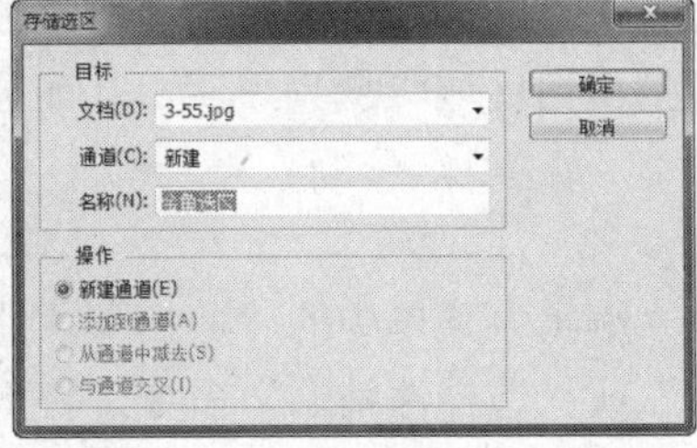

图 3-56　“存储选区”对话框

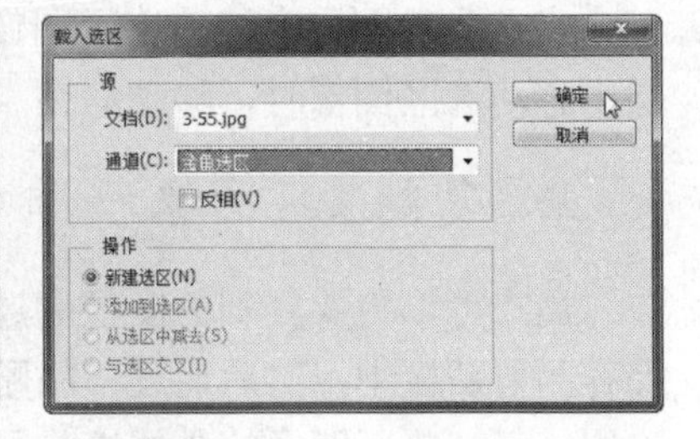

图 3-57　选择“魔棒选区”选项

3.3　变换选区中的图像

在使用 Photoshop 处理图像时，对选区中图像的操作有很多，如移动、复制、缩放、旋转、斜切、扭曲，以及变形等。

3.3.1 移动和复制选区图像

移动和复制图像在 Photoshop 中是最常用的命令。要移动选区内的图像，只需选取移动工具，将鼠标指针移至选区内，当鼠标指针呈✂形状时拖曳鼠标即可；如果按住【Alt】键的同时用移动工具拖曳指定图像，则可以直接复制该选区图像。

移动选区图像

要在当前图像窗口中移动图像，首先需要创建选区，然后使用移动工具移动选区内的图像到合适的位置即可，效果如图 3-58 所示。

图 3-58　移动图像前后的效果

专家指点

> 要在不同的图像窗口之间移动图像，其操作与上述方法相似，只是在拖曳鼠标的时候将其直接拖曳到所需的图像窗口中即可。

当在背景图层中移动选区图像时，移动后留下的空白区域将以背景色填充。当在普通图层中移动选区图像时，移动后留下的空白区域将变为透明，从而显示出下方图层的图像。

复制选区图像

用户可以将要复制的图像通过“编辑”菜单中的“剪切”、“拷贝”或“合并拷贝”命令保存到剪贴板中，然后通过“粘贴”或“选择性粘贴”命令，将剪贴板中的图像粘贴到指定位置。复制选区图像的具体操作方法如下：

（1）单击“文件”|“打开”命令，打开两幅素材图像。确认红色心形图像为当前编辑图像，选择魔棒工具，并设置其容差值为 50，然后在心形以外的背景图像上多次单击鼠标左键，创建选区，如图 3-59 所示。

（2）按【Delete】键，删除选择的背景图像（如图 3-60 所示），然后按【Ctrl+Shift+I】组合键，反选选区图像，并按【Ctrl+C】组合键，将其复制到剪贴板中。

图 3-59　创建选区

图 3-60　删除背景

（3）确认手图像为当前编辑图像，选择工具箱中的“魔棒”工具，并设置其“容差”值为 50，然后在手图像中的心形部分单击鼠标左键，创建选区，如图 3-61 所示。

图 3-61　创建选区

（4）单击“编辑”|“选择性粘贴”|“贴入”命令，即可将拷贝的图像粘贴到选区内，如图 3-62 所示。

（5）单击“编辑”|“自由变换”命令，调出变换控制框，将鼠标指针置于变换控制框的控制柄上，按住【Shift】键的同时向内拖曳鼠标，至合适位置后释放鼠标左键，调整图像的大小，按【Enter】键确认，效果如图 3-63 所示。

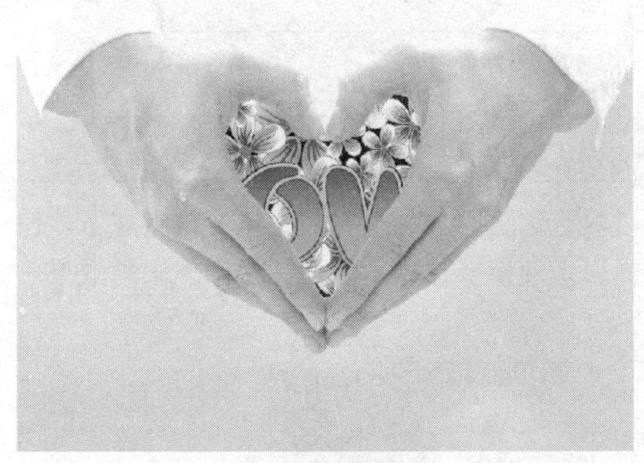

图 3-62　贴入图像

图 3-63　图像最终效果

3.3.2　缩放和旋转图像

使用移动工具时，选中工具属性栏中的“显示变换控件”复选框，此时在图像编辑窗口中当前图层（背景图层除外）的图像边缘会显示变换控制框。将鼠标指针移至变换控制框的控制柄上，单击鼠标左键，变换控制框将由虚线框变为实线框，此时，相当于单击“编辑”|“自由变换”命令，用户可直接对变换控制框中的图像进行缩放和旋转操作。下面分别进行详细的介绍。

移动鼠标指针至图像编辑窗口中，将鼠标指针放置在变换控制框的不同控制柄上，当鼠标指针分别呈↕、↔、⤢或⤡形状时，按住鼠标左键并拖曳，可按照指定的方向缩放图像，如图 3-64 所示。

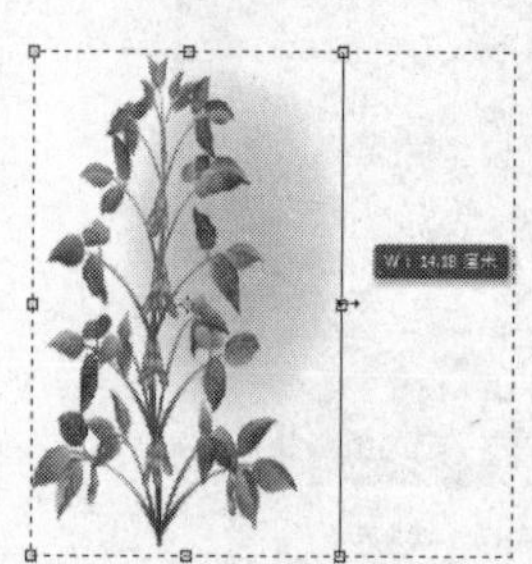

图 3-64　缩放图像时鼠标指针的各种状态

用户调整好图像后，按【Enter】键或选择工具箱中的任意工具，在弹出的提示信息框中单击“应用”按钮，即可完成图像的缩放。

将鼠标指针放置在控制框之外的任意一个角点外，当鼠标指针呈弯曲双向箭头形状时，按住鼠标左键并拖曳，即可旋转图像，效果如图 3-65 所示。

图 3-65　原图像和旋转后的图像

3.3.3 斜切和扭曲图像

单击“编辑”|“变换”|“斜切”命令，可以对选区进行倾斜变换。在该变换状态下，控制柄只能在变换控制框边线所定义的方向上进行斜切变换操作，从而使图像产生倾斜效果，如图 3-66 所示。

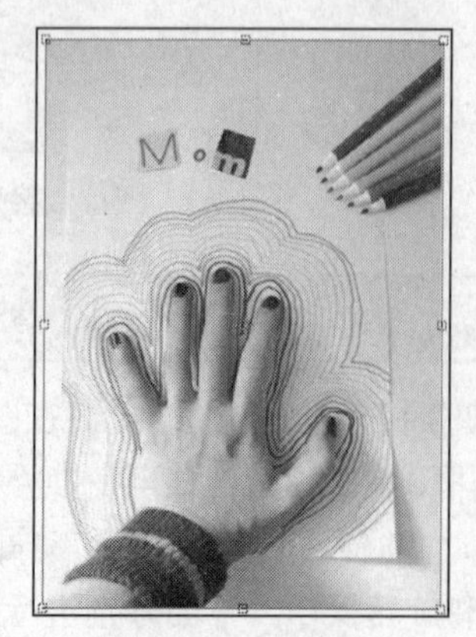
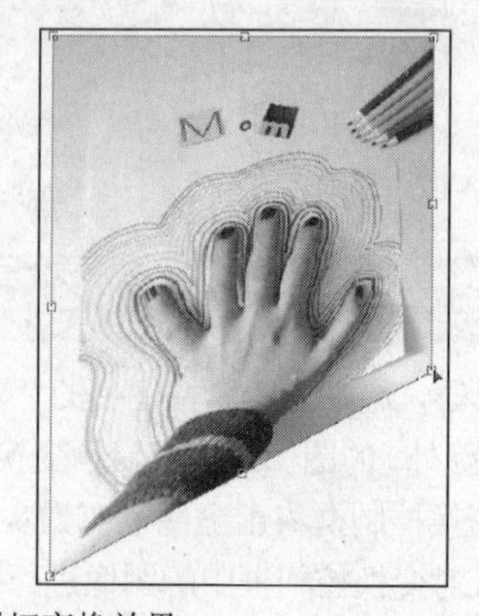

图 3-66　图像斜切变换效果

专家指点

用户还可通过选择移动工具，选中工具属性栏中的“显示变换控件”复选框，按住【Ctrl+Shift】组合键的同时调整相应的控制柄，以对图像进行斜切变换操作。

单击“编辑”|“变换”|“扭曲”命令，在调出的变换控制框中，拖曳其四个角点上的控制柄，可以对选区内的图像进行扭曲变换操作，如图3-67所示。

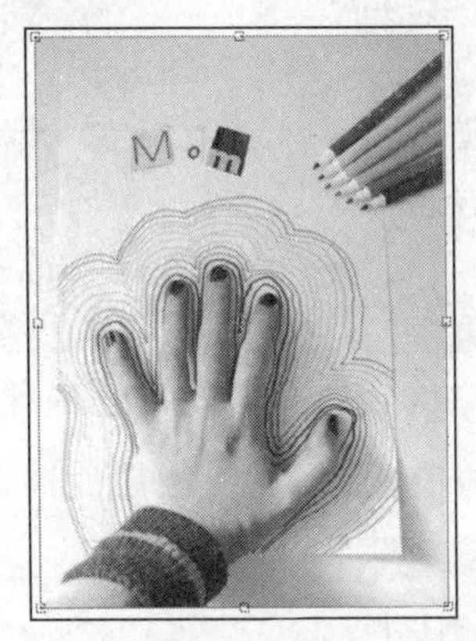

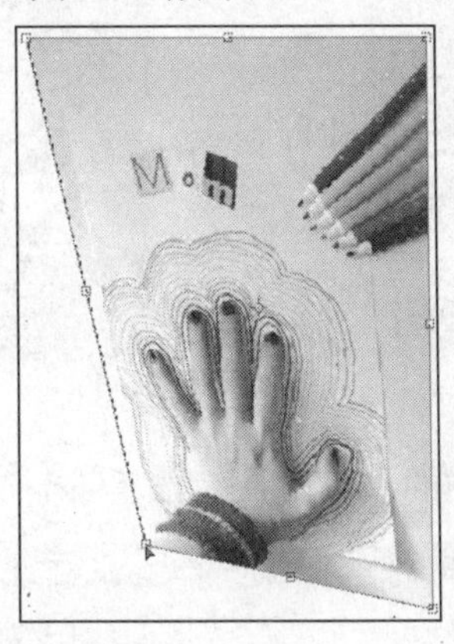

图3-67　图像扭曲变换效果

专家指点

与斜切图像不同的是，执行扭曲操作时，控制点可以随意拖动，不受调整边框方向的限制，若在拖曳鼠标时按住【Alt】键，则可以制作出对称扭曲效果。

3.3.4 透视和变形图像

单击“编辑”|“变换”|“透视”命令，对选区中的图像的各控制柄进行调整，可以使选区中的图像产生透视效果。拖曳变换控制框中位于角部的控制柄，可以使图像在某个方向上发生透视变形。在水平方向上拖曳控制柄，可以使图像在水平方向上产生透视效果，如图3-68所示。

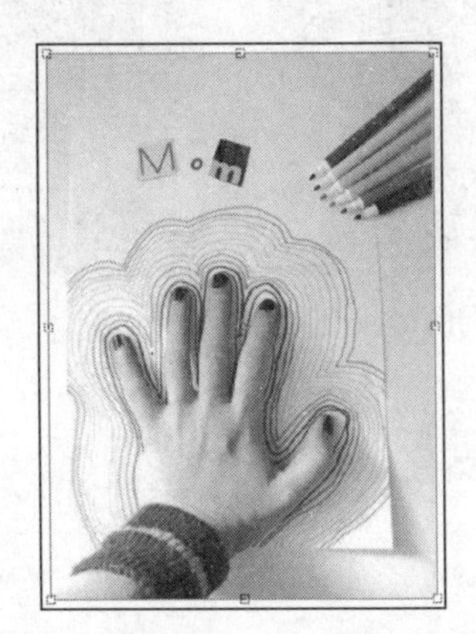

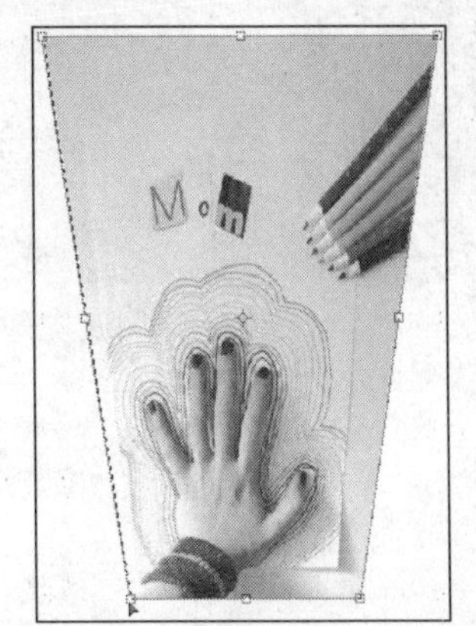

图3-68　图像透视效果

单击“编辑”|“变换”|“变形”命令，或按【Ctrl+T】组合键后在图像编辑窗口中单击

鼠标右键，在弹出的快捷菜单中选择“变形”选项，此时显示的变换控制框如图 3-69 所示。用户可在该变换控制框中调整各控制柄，以变换图像的形状、路径等，使用“变形”命令调整图像的效果如图 3-70 所示。

图 3-69　变换控制框　　　　图 3-70　原图像与变形后的图像

选择工具箱中的移动工具，按【Ctrl+T】组合键，此时的工具属性栏如图 3-71 所示。

图 3-71　工具属性栏

该工具属性栏中主要选项的含义如下：

- “在自由变换和变形模式之间切换”按钮：在变形模式下单击该按钮，将切换至自由变换模式；若在自由变换模式下单击该按钮，将切换至变形模式。
- “取消变换”按钮：单击该按钮，将取消对图像的变换操作。
- “进行变换”按钮：单击该按钮，确认对图像的变换操作，相当于按【Enter】键。
- 变形：该选项在变形模式下被激活，用户可在其下拉列表框中选择所需要的形状对图像进行变形操作。当然，选择不同的形状，图像的变形效果也各不相同，如图 3-72 所示。

图 3-72　原图像与选择不同的形状变形后的效果

3.4　课后习题

一、填空题

1．使用选框工具创建选区时，按__________键可以在现有的选区中增加选区，按__________键可以在现有的选区中减少选区。

2．__________工具是一个智能化的选区工具，使用它可以方便、快捷地选择边缘较光滑且对比度较强的图像，并且还可以按图像的不同颜色将颜色相近的部分选取出来。

3．使用椭圆选框工具创建选区时，按__________键可以创建正圆选区。

二、简答题

1．创建选区的方法有哪些？

2．编辑选区的方法有哪些？

3．变换选区中图像的方法有哪些？

三、上机操作

1．制作简单包装效果，如图 3-73 所示。

图 3-73　简单包装效果

关键提示：打开三幅素材图像后，使用移动工具将三幅素材图像移至一个图像文件中，然后使用“自由变换”命令，分别变换其中的图像。

2．使用“变换”和“复制”命令，制作如图 3-74 所示的图像。

图 3-74　复制与变换的图像

关键提示：使用“复制”命令复制图像后，执行“粘贴”命令粘贴复制的图像，最后使用“编辑”|“变换”|“旋转”命令旋转图像。

第4章 图像的绘制与修饰

作为专业的图像处理软件，Photoshop 具有强大的绘图和修饰功能，提供了丰富的绘图工具和修饰工具。使用这些绘图工具，再配合“画笔”面板、混合模式和图层，可以创作出传统绘画技巧难以企及的作品。

4.1 绘图工具的使用

绘图工具不仅能够使用手工操作，而且能够使用预设的前景色、背景色或图案等在新建文件或原图像文件中进行独立绘画。Photoshop 为用户提供了两种基本的绘图工具，即“画笔”工具和“铅笔”工具。

4.1.1 认识“画笔”面板

在 Photoshop 的“画笔”面板中，用户可以为画笔设置“形状动态”、“散布”和“纹理”等参数，使画笔能够绘制出丰富的随机效果。允许在“画笔”面板中设置笔触效果的工具有画笔工具、铅笔工具、修复画笔工具和橡皮擦工具等。

选择一种绘图工具，然后在工具属性栏中单击“切换画笔面板”按钮，或单击“窗口”|“画笔”命令，即会弹出如图 4-1 所示的“画笔”面板。

“画笔”面板的左侧列表主要用来设置笔刷的属性，右侧的列表框主要用来设置笔刷的形状及相应的属性，最下方的预览框主要用于显示画笔的笔尖样式。

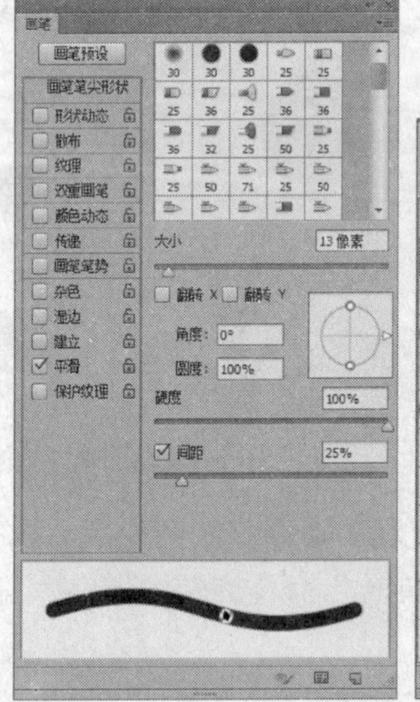

图 4-1 “画笔”面板

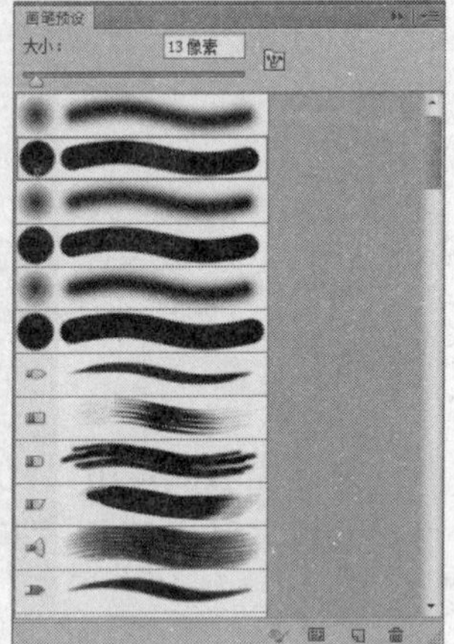

图 4-2 “画笔预设”面板

若要更好地使用“画笔”面板，必须掌握以下基本技能：

- 选择“画笔笔尖形状”选项，可以在该选项中设置画笔的“直径”、“硬度”、“间距”等参数。
- 单击“画笔预设”按钮，将显示所有的画笔样式，拖曳右侧的滚动条，在列表框中查找并单击需要的画笔样式，即可将其选中，如图 4-2 所示。
- 选择“画笔”面板左侧列表中的各选项，可以详细设置画笔的动态属性参数及其他参数。

选择画笔

在“画笔”面板的预设画笔区中有各种画笔，若要选择一种画笔，只需在预设区中单击该画笔即可。

设置画笔的常规参数

"画笔"面板中每一种画笔基本上都有多种属性可以设置，其中包括"大小"、"角度"、"圆度"、"硬度"和"间距"等，通过设置这些参数，可以改变画笔的外观，从而得到样式更为丰富的画笔。该面板中主要选项的含义如下：

- 大小：用于设置画笔的大小，数值越大，画笔的直径就越大。图 4-3 所示为设置画笔"直径"值分别为 20 和 50 时的绘图效果。

图 4-3 "直径"值分别为 20 和 50 时的绘图效果

- 角度：用于设置画笔旋转的角度。对于圆形画笔，当"圆度"值小于 100%时，才能看出效果。
- 圆度：用于设置画笔的圆度。数值越大，画笔就越趋向于正圆或画笔在定义时所设置的比例。图 4-4 所示为设置"圆度"值分别为 40%和 80%时的效果。

图 4-4 "圆度"值分别为 40%和 80%时的效果

- 硬度：用于设置画笔边缘的硬度。数值越大，画笔的边缘就越清晰；数值越小，边缘就越柔和。设置"硬度"值分别为 10%和 50%时的效果如图 4-5 所示。
- 间距：用于设置绘图时组成线段的两点间的距离，数值越大，间距就越大。图 4-6 所示为设置"间距"值分别为 50%和 100%时的效果。

图 4-5 “硬度”值分别为 10%和 50%时的效果

图 4-6 “间距”值分别为 50%和 100%时的效果

设置画笔的动态参数

选择“画笔”面板左侧列表中的“形状动态”选项，切换至“形状动态”参数设置选项区，此时的“画笔”面板如图 4-7 所示。该面板中主要选项的含义如下：

- 大小抖动：用于设置绘图过程中画笔的波动幅度，百分比越大，波动的幅度就越大。图 4-8 所示为设置“大小抖动”值分别为 30%和 90%时的效果。

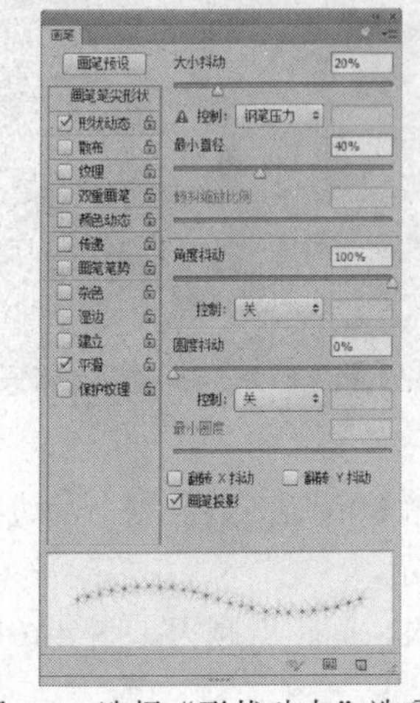

图 4-7 选择“形状动态”选项

图 4-8 “大小抖动”值分别为 30%和 90%时的效果

✿ 控制：用于控制画笔波动的方式，其中包括“关”、“渐隐”、“钢笔压力”、“钢笔斜度”和“光笔轮”等选项。若选择“关”选项，则在绘图过程中画笔尺寸始终波动；若选择“渐隐”选项，则可以在其后面的文本框中输入一个数值，以确定尺寸波动的步长值，到达该步长值后波动随即停止。

专家指点

> 由于“钢笔压力”、“钢笔斜度”和“光笔轮”三个选项都需要压感笔的支持，因此若没有安装该硬件，在“控制”下拉列表框的左侧将显示一个叹号。

✿ 最小直径：用于控制在画笔尺寸发生波动时，画笔直径的最小尺寸。数值越大，产生的波动范围就越小，波动幅度也会相应变小。

✿ 角度抖动：用于控制画笔在角度上的波动幅度。数值越大，波动的幅度也越大，画笔将显得越紊乱。

✿ 圆度抖动：用于控制画笔笔迹在圆度上的波动幅度。数值越大，波动的幅度也越大。

✿ 最小圆度：用于控制画笔笔迹在圆度上发生波动时，画笔的最小圆度尺寸值。数值越大，产生的波动范围越小，波动幅度也会相应变小。

设置分散度参数

选择“画笔”面板左侧列表中的“散布”选项，切换至“散布”参数设置选项区，此时的“画笔”面板如图 4-9 所示。该面板中主要选项的含义如下：

✿ 散布：用于控制画笔偏离绘制笔画的程度。数值越大，偏离程度就越大，图 4-10 所示为设置“散布”值分别为 0%和 100%时的效果。

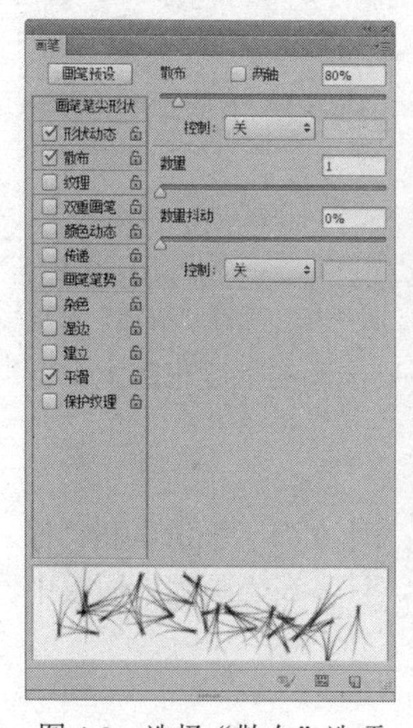

图 4-9　选择“散布”选项

图 4-10　“散布”值分别为 0%和 100%时的效果

✿ 两轴：选中该复选框后，画笔将在 X 和 Y 两轴上产生分散；若取消选择该复选框，则只在 X 轴上产生分散。

✿ 数量：用于控制画笔笔迹的数量。数值越大，画笔笔迹就越多。

✿ 数量抖动：用于控制在绘制的笔画中，画笔笔迹数量的波动幅度。数值越大，画笔笔迹的数量波动幅度越大，图 4-11 所示为设置“数量抖动”值分别为 0%和 100%时的效果。

图 4-11 “数量抖动”值分别为 0%和 100%时的效果

设置画笔的纹理效果

选择“画笔”面板左侧的“纹理”选项，切换至“纹理”参数设置选项区，此时的“画笔”面板如图 4-12 所示。该面板中主要选项的含义如下：

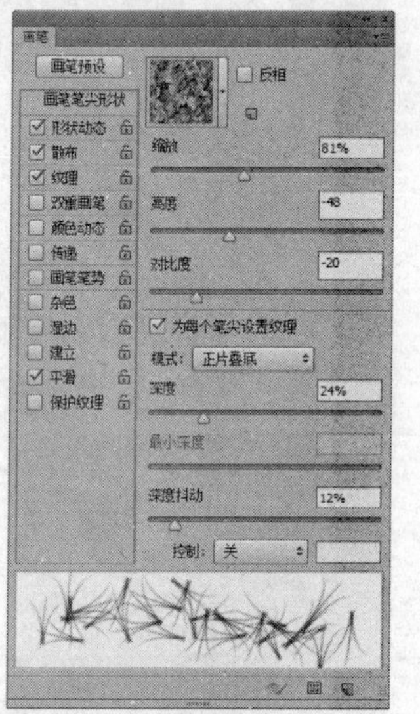

图 4-12 选择“纹理”选项

✿ 选择纹理：若要使用纹理效果，单击该面板上方的“点按可打开‘图案’拾色器”下拉按钮，在弹出的下拉面板中选择合适的纹理即可。

✿ 缩放：拖曳滑块或在文本框中输入相应数值，可以设置纹理的缩放比例。

✿ 深度：用于设置纹理显示时的深度。数值越大，则纹理的显示效果越好；反之，纹理效果越不明显。

✿ 最小深度：用于设置纹理显示时的最小深度。数值越大，则波动幅度越小。

✿ 深度抖动：用于设置纹理显示深度的波动幅度。数值越大，则波动的幅度也越大。

其他附加参数

“画笔”面板中还有 5 个附加选项，分别为“杂色”、“湿边”、“建立”、“平滑”和“保护纹理”，这些选项不像“散布”、“纹理”等选项可以调整其参数，只需在“画笔”面板中将其选中即可，其具体功能分别如下：

✿ 杂色：用于为画笔增加杂色效果。

✿ 湿边：用于为画笔增加湿边效果。

✿ 建立：用于模拟出喷枪喷涂的效果。

✿ 平滑：用于光滑笔刷。

✿ 保护纹理：用于保护画笔纹理效果。

4.1.2 使用“画笔”工具

“画笔”工具可以模拟毛笔、水彩笔等效果在图像或选区中进行绘制。选择工具箱中的“画笔”工具，其属性栏如图 4-13 所示。该工具属性栏中主要选项的含义如下：

模式：正常　不透明度：100%　流量：100%

图 4-13　画笔工具属性栏

- 画笔：单击其右侧的下拉按钮，可以选择预设的画笔。
- 模式：单击其右侧的下拉按钮，可以选择不同的混合模式，以丰富绘图效果。
- 不透明度：用于设置绘制图像时的不透明度。
- 流量：用于定义绘图时笔墨的浓度。
- “启用喷枪”按钮：单击该按钮，可以使画笔具有喷涂功能。

设置好“画笔”的参数后，移动鼠标指针至图像编辑窗口，拖曳鼠标即可绘制所需的效果，如图 4-14 所示。

图 4-14　使用“画笔”工具进行绘制的前后效果

4.1.3 使用“铅笔”工具

“铅笔”工具主要用于绘制一些棱角比较突出且无边缘发散效果的线条，该工具的运用与“画笔”工具的运用基本相同，“铅笔”工具属性栏如图 4-15 所示。

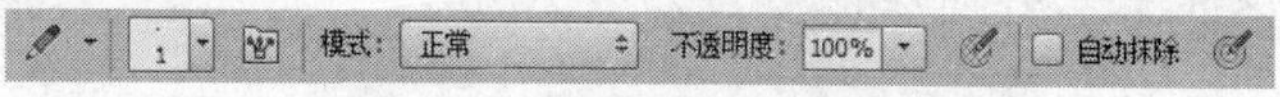

模式：正常　不透明度：100%　自动抹除

图 4-15　“铅笔”工具属性栏

该工具属性栏与“画笔”工具属性栏不同的是多了一个“自动抹除”复选框，若选中该复选框，则“铅笔”工具会模拟橡皮擦的功能。当前景色和背景色存在相互接触的情况时，系统会自动将前景色和背景色交替运用。当设置其他颜色为前景色、白色为背景色时，可以用其他颜色来进行绘图，同时可以用白色来修改，既可绘制又可擦除。

4.1.4 使用颜色替换工具

运用“颜色替换”工具能够简化图像中特定颜色的替换操作，可以用前景色在图像中绘图。该工具不适用于位图、索引和多通道颜色模式的图像。

选择工具箱中的“颜色替换”工具，其属性栏如图 4-16 所示。

图 4-16 “颜色替换”工具属性栏

该工具属性栏中主要选项的含义如下：

- 模式：用于设置不同的模式，从而使图像产生不同的效果，通常情况下选择“颜色”选项。
- “取样：连续”按钮：用于在拖曳鼠标时连续对颜色进行取样。
- “取样：一次”按钮：用于替换用户第一次单击颜色区域时的目标颜色。
- “取样：背景色板”按钮：用于替换图像中所有包含背景色的区域。
- 限制：用于选择颜色取样的方式。若选择“连续”选项，将只替换与取样点相邻的颜色；若选择“不连续”选项，则替换与取样点颜色相近的任意位置的颜色；若选择“查找边缘”选项，则将替换所有包含取样颜色的连接区域，同时更好地保留形状边缘的锐化程度。
- 容差：用于设置替换与取样点像素非常相近的颜色范围。数值越大，替换的颜色范围越大。
- 消除锯齿：选中该复选框，可以消除替换颜色区域的锯齿状态。

设置好工具属性栏中的相应选项后，单击“取样：连续”按钮，然后移动鼠标指针至图像编辑窗口，在要替换的颜色上拖曳鼠标，即可替换颜色，如图 4-17 所示。

图 4-17 使用“颜色替换”工具替换颜色的前后效果

4.2 橡皮擦工具的使用

Photoshop 提供了 3 种清除工具，分别为橡皮擦工具、背景橡皮擦工具和魔术橡皮擦工具。橡皮擦工具和魔术橡皮擦工具可以将图像区域擦除为透明区域或用背景色填充，背景橡皮擦工具可以将图层擦除为透明图层。

4.2.1 橡皮擦工具

“橡皮擦”工具的功能就是擦除颜色，但擦除后的效果可能会因为所在图层的不同而有所不同。选择工具箱中的“橡皮擦”工具，其属性栏如图 4-18 所示。

图 4-18 “橡皮擦”工具属性栏

该工具属性栏中主要选项的含义如下：

- 模式：用于选择橡皮擦的笔触类型，可以选择“画笔”、“铅笔”和“块”3 种模式来擦除图像。
- 抹到历史记录：选中该复选框，橡皮擦工具就具有了历史记录画笔工具的功能，能够有选择性地恢复图像至某一历史记录状态，其操作方法与历史记录画笔工具的操作方法相同。

专家指点

> 运用“橡皮擦”工具擦除图像时，若按住【Alt】键，可激活“抹到历史记录”功能，相当于选中该复选框，使用该功能可以恢复误清除的图像。

当擦除的图层是“背景”图层时，擦除的区域将被背景色填充（如图 4-19 所示）；若当前图层是普通图层，在使用该工具后，擦除的区域将变成透明区域，如图 4-20 所示。

图 4-19　擦除“背景”图层

图 4-20　擦除普通图层

4.2.2 背景橡皮擦工具

“背景橡皮擦”工具是一种可以擦除指定颜色的擦除工具，它与橡皮擦工具的区别在于，用背景橡皮擦工具擦除颜色后，不会填充上背景色，而是将擦除的内容变成透明区域，如图 4-21 所示。

图 4-21　使用背景橡皮擦工具擦除图像的前后效果对比

选择工具箱中的“背景橡皮擦”工具，其属性栏如图 4-22 所示。该工具属性栏中主要选项的含义如下：

13　限制：连续　容差：50%　保护前景色

图 4-22　“背景橡皮擦”工具属性栏

- 取样：用于指定背景橡皮擦工具背景色样的取样方式。
- 限制：用于设置背景橡皮擦工具的擦除方式。若选择“不连续”选项，可以擦除出现在画笔下面任何位置的样本颜色；若选择“连续”选项，则可以擦除包含样本颜色并且相互连接的区域；若选择“查找边缘”选项，则可以擦除背景色区域。

- 容差：用于设置背景橡皮擦工具的擦除范围。
- 保护前景色：选中该复选框，在擦除图像时，与前景色颜色相近的像素将不会被擦除。

4.2.3 魔术橡皮擦工具

“魔术橡皮擦”工具的工作原理与“魔棒”工具的工作原理相似，该工具可以擦除图像中颜色相同或相近的区域，被擦除的区域以透明方式显示。

魔术橡皮擦工具的使用方法比较简单，只需在图像的任意位置单击鼠标左键，即可将与该处颜色相近的图像擦除，如图 4-23 所示。

图 4-23　使用“魔术橡皮擦”工具擦除图像的前后效果对比

4.3 填充工具的使用

填充工具的主要作用就是在图像文件中填充颜色或图案。它包括渐变工具和油漆桶工具两种，其快捷键为【G】，按【Shift＋G】组合键可以在这两种工具之间进行切换。

4.3.1 使用油漆桶工具

油漆桶工具可以对指定区域或选区填充颜色，但只是对图像中颜色相近的区域进行填充。在工具箱中选择“油漆桶”工具，其属性栏如图 4-24 所示。

图 4-24 “油漆桶”工具属性栏

该工具属性栏中主要选项的含义如下：

- 设置填充区域的源：在该下拉列表框中可以选择用前景色或图案进行填充。
- 模式：用于设置油漆桶工具在填充颜色时的混合模式。
- 不透明度：用于设置填充时色彩的不透明度。

- 容差：用于设置色彩的容差范围，容差值越小，可填充的区域越小。
- 消除锯齿：选中该复选框后，在填充颜色时将对选区边缘进行柔化处理。
- 连续的：选中该复选框后，会在相邻的像素上填充颜色；如果取消选择该复选框，图像中在容差范围内的像素都会填充颜色。
- 所有图层：选中该复选框后，填充将作用于所有图层；否则只作用于当前图层。

图 4-25 所示为使用“油漆桶”工具填充底色的前后效果。

图 4-25　使用油漆桶工具填充底色

另外，用户还可以在“设置填充区域的源”下拉列表框中选择“图案”填充方式，然后在图案面板中选择一种填充图案（如图 4-26 所示），在需要填充的位置单击鼠标左键以进行图案填充，效果如图 4-27 所示。

图 4-26　图案面板

图 4-27　图案填充效果

4.3.2　使用渐变工具

运用“渐变”工具可以创建不同颜色间的混合过渡。在 Photoshop 中，用户可以创建 5 种类型的渐变，分别是线性渐变、径向渐变、角度渐变、对称渐变和菱形渐变，如图 4-28 所示。

线性渐变

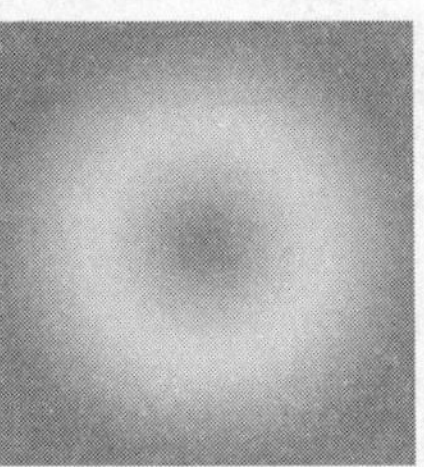

径向渐变

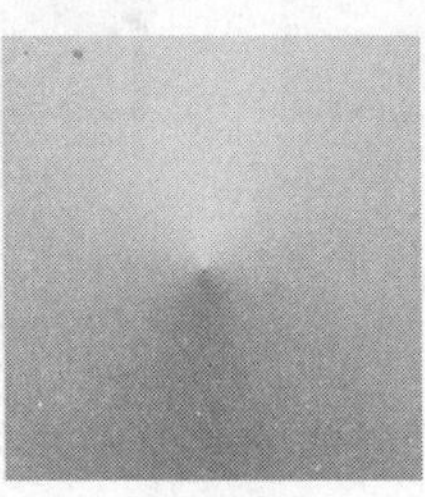

角度渐变

对称渐变

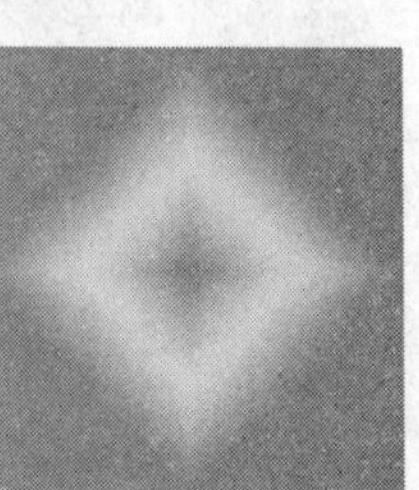

菱形渐变

图 4-28　渐变示意图

选择工具箱中的“渐变”工具，其属性栏如图4-29所示。

图4-29 “渐变”工具属性栏

该工具属性栏中主要选项的含义如下：

- 模式：用于设置渐变与背景的混合模式。
- 不透明度：用于设置渐变的不透明度，数值越大渐变越不透明；反之则越透明。
- 反向：选中该复选框后，可以使当前的渐变色反向填充。
- 仿色：选中该复选框，可以创建较平滑的混合颜色。
- 透明区域：选中该复选框后，可以使当前的渐变呈现透明效果，从而使应用渐变的下层图像区域透过渐变显示出来。

创建实色渐变

单击渐变工具属性栏中的“点按可编辑渐变”渐变条，将弹出“渐变编辑器”窗口，从中可以创建新的实色渐变类型。创建实色渐变的具体操作步骤如下：

（1）选择工具箱中的渐变工具，单击工具属性栏中的“点按可编辑渐变”渐变条，弹出“渐变编辑器”窗口，单击要编辑的颜色色标，如图4-30所示。

（2）单击“色标”选项区中的“颜色”色块，在弹出的“选择色标颜色”对话框中设置颜色为蓝色（RGB颜色参数值分别为138、157、255），并在“颜色”色块右边的“位置”文本框中输入数值50（如图4-31所示），单击“确定”按钮，即可创建实色渐变。

图4-30 选择色标

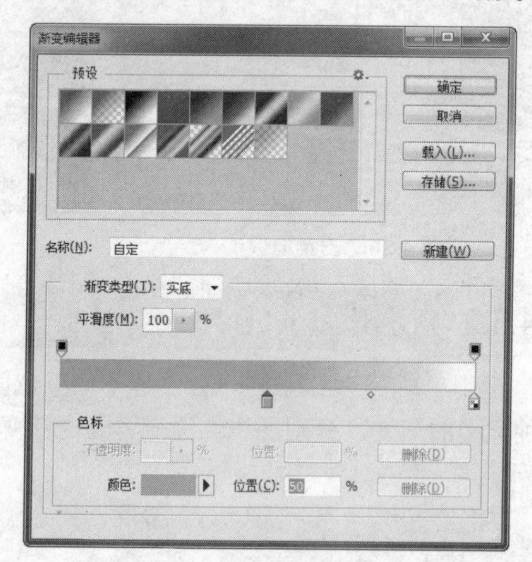

图4-31 设置实色渐变

创建透明渐变

在Photoshop中，除了可以创建不透明的实色渐变外，还可以创建具有透明效果的渐变，图4-32所示即为创建的透明渐变效果。其具体创建方法与创建实色渐变的方法基本相似，但首先需要在“预设”选项区中设置渐变样式为“从前景色到透明渐变”。

图 4-32　透明渐变效果

4.4　图章工具的使用

图章工具可以用定义好的图案来快速复制图像，是一种单纯使用取样图像完全覆盖原图像进行修复和复制的工具。它包括仿制图章工具和图案图章工具两种，其快捷键为【S】。

4.4.1　仿制图章工具

运用“仿制图章”工具可以将图像中的指定区域按原样复制到同一幅图像或其他图像中。仿制图章工具在使用时需要先从图层中取样，然后将所选取的样本应用到其他图像文件中或应用在同一图像中的其他部位。使用运用“仿制图章”工具修饰图像的具体操作步骤如下：

（1）单击“文件”|“打开”命令，打开一幅素材图像，单击“图层”面板底部的“创建新图层”按钮，新建“图层 1”图层。

（2）选择工具箱中的仿制图章工具，在其工具属性栏中设置画笔直径为 200，并选中“对齐”复选框，移动鼠标指针至图像编辑窗口的人物图像上，按住【Alt】键的同时单击鼠标左键进行取样，如图 4-33 所示。

（3）释放【Alt】键，移动鼠标指针至图像编辑窗口的空白区域，按住鼠标左键并拖曳，进行涂抹，即可将取样点的图像复制到涂抹的位置处，如图 4-34 所示。

图 4-33　进行取样　　　　图 4-34　复制图像

（4）用与上述相同的方法，在图像编辑窗口中继续涂抹，复制整个人物图像，如图 4-35 所示。

（5）单击“编辑”|“变换”|“水平翻转”命令，将“图层 1”图层中的图像水平翻转（如图 4-36 所示），单击“图层”|“合并图层”命令，合并图层。

图 4-35　复制的人物图像　　图 4-36　水平翻转图像

4.4.2 图案图章工具

“图案图章”工具可以用定义好的图案来复制图像，它能在目标图像上连续绘制出选定区域的图像。运用“图案图章”工具修饰图像的具体操作步骤如下：

（1）单击“文件”|“打开”命令，打开两幅素材图像，如图 4-37 所示。

图 4-37　打开的素材图像

（2）确认心形图像为当前工作图像，按【Ctrl+A】组合键全选图像，单击“编辑”|“定义图案”命令，弹出“图案名称”对话框，设置“名称”为“图案 1”（如图 4-38 所示），单击“确定”按钮。

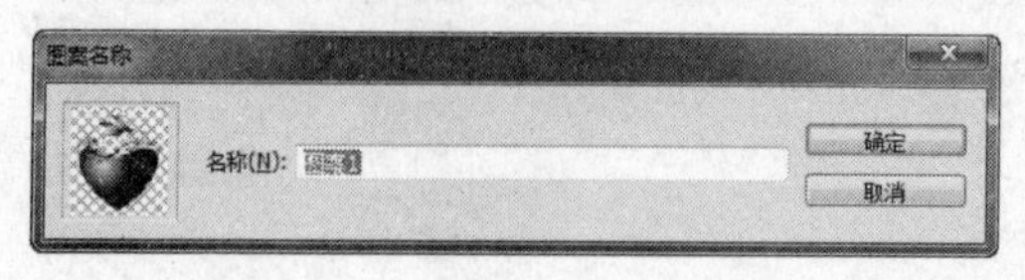

图 4-38 “图案名称”对话框

（3）按【Ctrl+Tab】组合键，切换至美食图像编辑窗口中，选择工具箱中的图案图章工具，在其工具属性栏中单击“点按可打开‘图案’拾色器”下拉按钮，在弹出的下拉面板中选择用户自定义的“图案 1”样式，如图 4-39 所示。

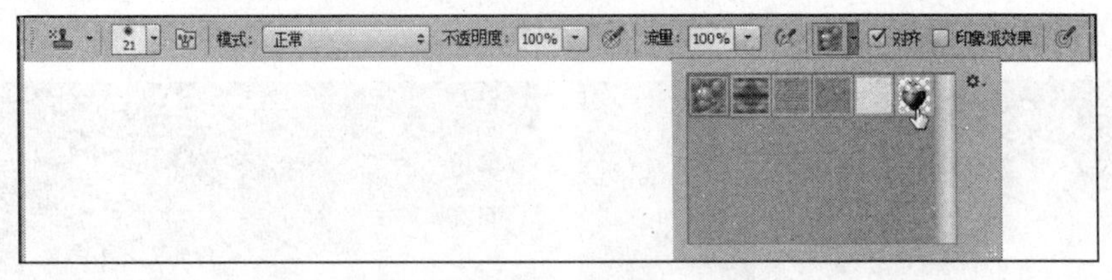

图 4-39　选择“图案 1”样式

（4）移动鼠标指针至图像编辑窗口的合适位置，按住鼠标左键并拖曳，填充定义好的心形图案，如图 4-40 所示。

（5）用与上述相同的方法，按住鼠标左键并拖曳，填充定义好的心形图案，效果如图 4-41 所示。

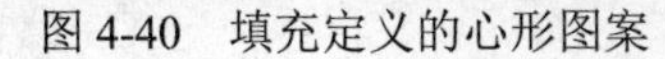

图 4-40　填充定义的心形图案　　　图 4-41　最终效果

4.5　修复工具的使用

修复工具用于修复图像中的污点、杂点和对图像进行复制与更改色相等处理。Photoshop 中的修复工具包括污点修复画笔工具、修复画笔工具、修补工具、内容感知工具和红眼工具。

4.5.1　污点修复画笔工具

运用“污点修复画笔”工具，可以快速地除去图像中的瑕疵和其他刮痕。选择工具箱中的“污点修复画笔”工具，其属性栏如图 4-42 所示。

图 4-42　“污点修复画笔”工具属性栏

该工具属性栏中主要选项的含义如下：

- 近似匹配：用于设置选区边缘周围的像素，查找要修补的图像区域。
- 创建纹理：用于设置选区中的所有像素，创建一个用于修复该区域的纹理。

运用污点修复画笔工具修复图像的具体操作步骤如下：

（1）单击“文件”|“打开”命令，打开一幅素材图像，如图 4-43 所示。

（2）选择工具箱中的“污点修复画笔”工具，在工具属性栏中选中“近似匹配”单选按钮，设置画笔大小为 232，移动鼠标指针至图像编辑窗口的足球上，按住鼠标左键并拖曳，此时鼠标指针经过处将以黑色显示，如图 4-44 所示。

图 4-43　打开的素材图像

图 4-44　涂抹图像

（3）至合适位置后，释放鼠标左键，以修复图像，效果如图 4-45 所示。

（4）用与上述相同的方法，在图像编辑窗口中的合适位置继续涂抹，完成图像的修复，效果如图 4-46 所示。

图 4-45　修复图像

图 4-46　最终效果

4.5.2 修复画笔工具

“修复画笔”工具的工作原理是通过匹配样本图像和原图像的形状、光照和纹理，使样本像素和周围像素相融合，从而达到无缝、自然的修复效果。选择工具箱中的“修复画笔”工具，其属性栏如图 4-47 所示。

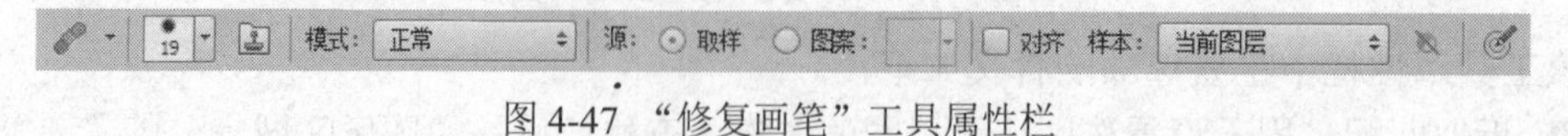

图 4-47 “修复画笔”工具属性栏

该工具属性栏中主要选项的含义如下：

✿ 源：用于设置修复画笔工具复制图像的来源。选中“取样”单选按钮，表示在图像编辑窗口中创建取样点；若选中“图案”单选按钮，则表示使用系统提供的图案来取样。

- 对齐：用于设置在修复图像时将复制的图案对齐。

“修复画笔”工具与“仿制图章”工具的操作方法相似，都是通过从图像中取样来修复有缺陷的图像区域。运用“修复画笔”工具修复图像的具体操作步骤如下：

（1）单击“文件”|“打开”命令，打开一幅素材图像，如图4-48所示。

（2）选择工具箱中的修复画笔工具，在工具属性栏中设置好相应的参数，移动鼠标指针至图像编辑窗口中人物额头的合适位置，按住【Alt】键的同时单击鼠标左键进行取样，如图4-49所示。

图4-48　打开的素材图像

图4-49　进行取样

（3）释放【Alt】键，并将鼠标指针移至人物额头的蝴蝶图像上，如图4-50所示。

（4）按住鼠标左键并拖曳，即可修复图像，如图4-51所示。

图4-50　定位鼠标指针

图4-51　修复后的图像

4.5.3　修补工具

运用“修补”工具可以用其他区域或图案中的像素来修复选区内的图像，与修复画笔工具一样，修补工具会将样本像素的纹理、光照和阴影与源像素进行匹配。运用修补工具修复图像的具体操作步骤如下：

（1）单击“文件”|“打开”命令，打开一幅素材图像，如图4-52所示。

（2）选择工具箱中的“修补”工具，在工具属性栏中选中“源”单选按钮，并取消选择“透明”复选框，移动光标至图像编辑窗口中人物脸部的瑕疵处，按住鼠标左键并拖曳，创建一个选区，如图4-53所示。

（3）将鼠标指针移至创建的选区内，按住鼠标左键并拖曳选区至人物脸部干净的区域，如图 4-54 所示。

（4）释放鼠标左键，即可完成修补操作，按【Ctrl+D】组合键，取消选区，效果如图 4-55 所示。

图 4-52 素材图像

图 4-53 创建的选区

图 4-54 拖曳选区

图 4-55 修补后的图像效果

4.5.4 内容感知移动工具

内容感知移动工具是 Photoshop CS6 新增的工具，它可以将选中的对象移动或扩展到图像的其他区域，然后重组和混合对象，从而产生出色的视觉效果。运用内容感知移动工具修改照片的具体操作方法如下：

（1）单击“文件”|“打开”命令，打开一幅素材图像，如图 4-56 所示。

（2）选择内容感知移动工具，在工具属性栏中将“模式”设置为“移动”，在人物周围拖动鼠标创建选区，如图 4-57 所示。

图 4-56 素材图像

图 4-57 创建的选区

（3）将光标放在选区内，单击并向画面左侧拖动鼠标。如图 4-58 所示。

（4）释放鼠标左键，人物移到新位置并填充空缺的部分，按【Ctrl+D】组合键取消选区，效果如图 4-59 所示。

图 4-58　拖曳选区

图 4-59　修补后的图像效果

4.5.5 红眼工具

“红眼”工具专门用于处理在弱光中拍照时因闪光而造成的红眼现象，同时还可以快速地改变图像局部的色相、饱和度、颜色与亮度。运用红眼工具修复图像的具体操作步骤如下：

（1）单击“文件”|“打开”命令，打开一幅素材图像，如图 4-60 所示。

（2）选择工具箱中的“红眼”工具，在工具属性栏中设置“瞳孔大小”为 50%、“变暗量”为 50%，移动鼠标指针至图像编辑窗口中人物右眼处，如图 4-61 所示。

图 4-60　打开的素材图像

图 4-61　定位鼠标指针

（3）单击鼠标左键，即可修正该红眼（如图 4-62 所示），用与上述相同的方法，运用“红眼”工具在图像编辑窗口中修正左眼的红眼，效果如图 4-63 所示。

图 4-62　修正右眼红眼

图 4-63　修正左眼红眼

4.6 调整工具的使用

使用调整工具可以使图像产生清晰或模糊的图像效果，它包括模糊工具、锐化工具、涂抹工具、减淡工具、加深工具和海绵工具等。其中各工具的使用方法是一致的，只是使用效果不同，下面将分别对其进行讲解。

4.6.1 模糊、锐化和涂抹工具

使用模糊、锐化和涂抹工具可以使图像产生模糊或清晰的效果。涂抹工具的效果类似于用手指搅拌颜色，下面将分别对其进行介绍。

模糊工具

运用“模糊”工具可以使图像变得模糊，以更加突出局部的清晰。选择“模糊”工具，对蜡烛以外的图像进行涂抹，使图像变得模糊，效果如图 4-64 所示。

图 4-64　使用模糊工具模糊图像的前后效果

锐化工具

“锐化”工具与“模糊”工具作用刚好相反，它用于锐化图像的部分像素，使被编辑的图像更清晰。选择“锐化”工具，在树叶图像上进行涂抹，使图像变得清晰，效果如图 4-65 所示。

图 4-65　使用“锐化”工具锐化图像的前后效果

涂抹工具

运用“涂抹”工具可以改变图像像素的位置及图像的完整结构，以得到特殊的效果。选择“涂抹”工具，对人物裙子下摆进行涂抹，效果如图 4-66 所示。

图 4-66　使用涂抹工具涂抹图像的前后效果

4.6.2 减淡、锐化和海绵工具

加深工具和减淡工具是色调工具，使用它们可以改变图像特定区域的曝光度，使图像变暗或变亮；使用海绵工具能够非常精确地增加或减少图像区域的色彩饱和度。在灰度模式图像中，海绵工具可以将灰色色阶远离或靠近中间灰色来增加或降低图像的对比度。

减淡工具

使用减淡工具可以使图像变亮。选取工具箱中的减淡工具，然后在图像编辑窗口中单击鼠标左键或拖曳鼠标即可加亮图像，如图 4-67 所示。

图 4-67　使用减淡工具处理图像的前后效果

加深工具

使用加深工具可以降低图像的曝光度，使图像变暗。选取工具箱中的加深工具，然后在图像编辑窗口中单击鼠标左键或拖曳鼠标即可使图像变暗，如图 4-68 所示。

图 4-68　使用加深工具涂抹图像的前后效果

海绵工具

海绵工具是一种调整图像色彩饱和度的工具，使用它可以提高或降低图像的色彩饱和度。选取工具箱中的海绵工具，然后在图像编辑窗口中单击鼠标左键或拖曳鼠标即可改变图像的色彩饱和度，如图 4-69 所示。

图 4-69　使用海绵工具涂抹图像的前后效果

4.7　课后习题

一、填空题

1．在 Photoshop 中，用户可以创建 5 种类型的渐变，分别是_________、径向渐变、角度渐变、_________和_________。

2．单击_________|_________命令，也可以打开“画笔”面板。

3．“背景橡皮擦”工具是一种可以擦除指定颜色的擦除工具，它与橡皮擦工具的区别在于，用背景橡皮擦工具擦除颜色后，不会填充_________，而是将擦除的内容变成透明区域。

二、简答题

1．简述使用橡皮擦工具、背景橡皮擦工具和魔术橡皮擦工具擦除图像时的区别。

2．简述修复工具与图章工具的区别。

3．在 Photoshop CS6 中，用户可使用哪些修复工具修复图像？

三、上机操作

1．使用修复画笔工具修复图像，如图 4-70 所示。

图 4-70　使用修复画笔工具修复图像

2．使用“颜色替换”工具将人物衣服的颜色替换为红色，如图 4-71 所示。

图 4-71　替换颜色

第 5 章 灵活运用图层

Photoshop 中的每一个图层都可以看作一张透明的胶片，将图像的各部分分别绘制于不同的图层上，再将所有的图层按顺序叠加起来，即可看到完整的图像。图层是 Photoshop 的核心功能之一，用户通过对不同的图层进行操作，可以快速创建绚丽多彩的图像效果。

5.1 了解图层类型

在编辑图像的过程中，运用不同的图层类型产生的图像效果各不相同。Photoshop 中的图层类型主要有背景图层、普通图层、文字图层、调整图层、形状图层、填充图层和蒙版图层 7 种，下面将分别对其进行介绍。

背景图层

在 Photoshop 中新建文件时，“图层”面板中将会出现一个“背景”图层，该图层是一个不透明的图层，以工具箱中设置的背景色为底色，图层右侧有一个 图标，表示图层被锁定。如果要对背景图层进行填充颜色、更改不透明度等操作，必须先将其转换为普通图层。

普通图层

普通图层是 Photoshop 最基本的图层，在编辑图像时，新建的图层都是以普通图层的形式存在的，在普通图层上用户可以设置图层混合模式和调节不透明度

文字图层

当用户运用文字工具在图像编辑窗口中输入文字时，在“图层”面板中会自动生成一个新的图层，即文字图层。

形状图层

使用形状工具在图像编辑窗口中创建图形后，“图层”面板中会自动创建一个新的图层，即形状图层，此时“图层”面板中将自动生成矢量蒙版缩览图。

调整图层

使用调整图层可以将颜色和色调调整应用于多个图层，而且不会更改图像中的像素值，例如：用户可以通过创建色阶或曲线来调整图层，而不是直接在图像上调整色阶或曲线。颜色和色调调整存储在调整图层中，并应用于以下的所有图层，调整图层会影响其下面的所有图层，这意味着可以通过进行单一调整来校正多个图层，而不是分别调整每个图层。

填充图层

填充图层是指在原有图层的基础上新建一个图层，并在该图层上填充相应颜色。用户可以根据需要为新图层填充纯色、渐变色或图案，通过调整该图层的混合模式和不透明度，使

其与底层图层叠加，以产生特殊的效果。

蒙版图层

蒙版图层是在当前图层的图像上添加图层蒙版，使其产生通过蒙版看到下方图像的效果。其中，蒙版中的黑色区域将遮盖下方的图像，白色区域将透出下方的图像，灰色区域将根据灰色的层级以各种透明度显示下方的图像。

5.2 认识“图层”面板

“图层”面板是管理图层的主要场所，各种图层操作基本上都可以在“图层”面板中实现。在默认情况下，“图层”面板处于显示状态，同时显示当前打开图像的图层信息，如图 5-1 所示。“图层”面板中主要选项的含义如下：

- “图层过滤”下拉列表框：在该下拉列表框中可以选择图层过滤的方式，用户可以通过类型、名称、效果、模式、属性和颜色 6 种方式对图层进行过滤，从而快速查找自己所需的图层。
- “设置图层的混合模式”下拉列表框：从该下拉列表框中可以选择当前图层的混合模式。
- “不透明度”数值框：在该数值框中输入相应的数值，可以控制当前图层的透明度，数值越小，当前的图层越透明。
- “锁定”选项区：单击各个按钮，可以设置图层相应的锁定状态。
- “填充”数值框：在该数值框中输入数值可以控制当前图层中非图层样式部分的透明度。
- “指示图层可见性”图标：单击该图标可以控制当前图层的显示与隐藏状态。
- “链接图层”按钮：在选择了多个图层的情况下，单击该按钮可以将所选择的图层进行链接。当选择其中一个图层进行移动或变换操作时，会同时对所有的链接图层进行操作。

图 5-1 “图层”面板

- “添加图层样式”按钮：单击该按钮，可以在弹出的下拉菜单中选择相应的图层样式，可以为当前图层添加图层样式效果。
- “添加图层蒙版”按钮：单击该按钮，可以为当前图层添加图层蒙版。
- “创建新的填充或调整图层”按钮：单击该按钮，可以在弹出的下拉菜单中为当前图层创建新的填充或调整图层。
- “创建新组”按钮：单击该按钮，可以新建一个图层组。

✿ “创建新图层”按钮：单击该按钮，可以创建一个新图层。

✿ “删除图层”按钮：单击该按钮，在弹出的提示信息框中单击“是”按钮，即可将当前图层删除。

5.3 图层的基本操作

图层的基本操作包括新建、移动、选择、复制、删除，以及重命名图层，熟练掌握图层的基本操作将有助于更好地处理图像。

5.3.1 新建图层

新建图层是使用“图层”面板进行图层编辑的基础，制作一幅复杂的图像往往需要创建多个新图层。新建图层的具体操作步骤如下：

（1）单击“文件”|“打开”命令，打开一幅素材图像，如图 5-2 所示。

（2）在“图层”面板底部单击“创建新图层”按钮，即可新建图层，如图 5-3 所示。

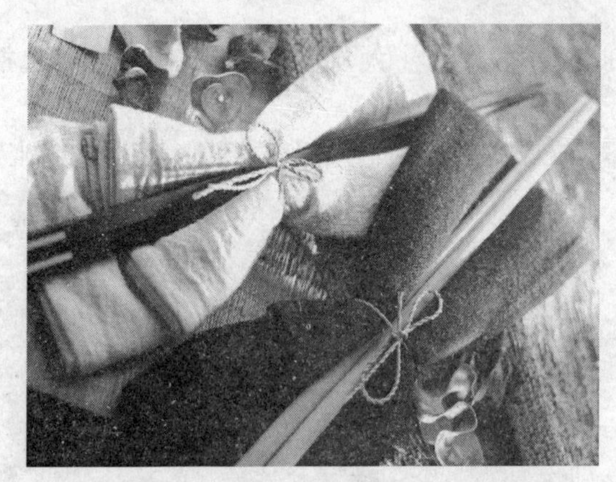

图 5-2　打开的素材图像

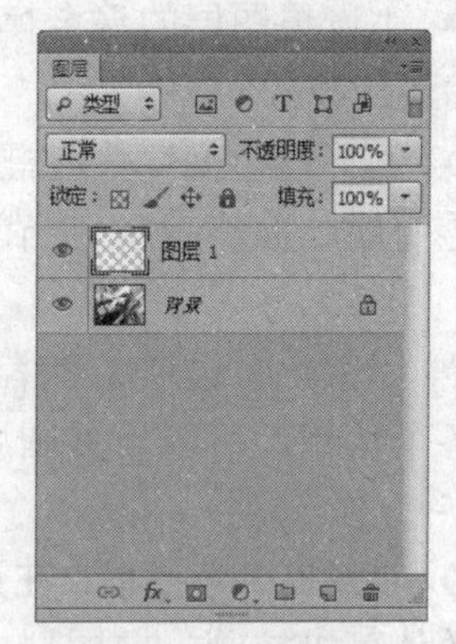

图 5-3　新建图层

5.3.2 选择图层

在对某个图层进行编辑前，首先需要选择该图层，使该图层成为当前图层。在 Photoshop 中，用户可以同时选择多个图层、选择所有图层或选择相似图层，同时也可以从图像编辑窗口中选择图层。

选择单个图层

在“图层”面板中，每个图层都有相应的名称和缩览图，因而可以轻松区分各个图层。如果需要选择某个图层，拖动“图层”面板右侧的滚动条，使该图层显示在“图层”面板中，单击该图层即可。

选择多个图层

在 Photoshop 中，同时选择多个图层的方法有以下几种：

✿ 选择连续图层：选择一个图层后，按住【Shift】键的同时在“图层”面板中单击另一个图层，则这两个图层及其之间的所有图层都会被选中。

- 选择不连续图层：在选择一个图层后，按住【Ctrl】键的同时，在“图层”面板中单击另外的图层，则可不连续地选择需要的图层。
- 单击“选择”|“所有图层”命令，或按【Alt+Ctrl+A】组合键，即可在“图层”面板中选择所有的图层。
- 在“图层”面板中选择相应的图层后，单击“选择”|“相似图层”命令，即可在“图层”面板中选择具有相同属性的图层。

在图像编辑窗口中选择图层

在图像编辑窗口中选择图层，需要使用移动工具，其具体操作步骤如下：

（1）单击“文件”|“打开”命令，打开一个素材图像文件。选择工具箱中的“移动”工具，将鼠标指针移至图像编辑窗口中“城市的距离”文本上，单击鼠标右键，在弹出的快捷菜单中选择“城市的距离”选项，如图5-4所示。

（2）即可在图像编辑窗口中选择“城市的距离”图层，如图5-5所示。

图5-4　选择“城市的距离”选项

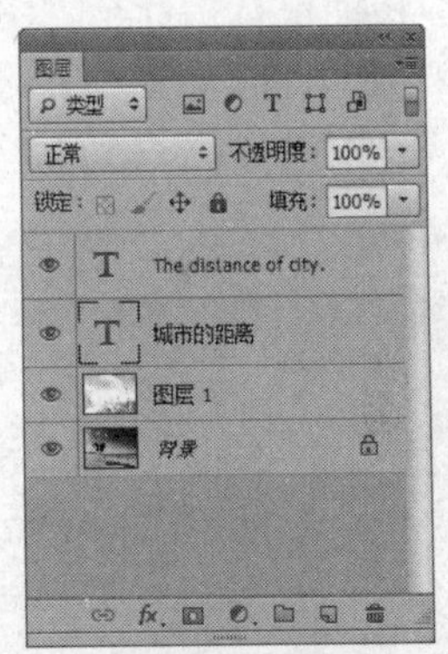

图5-5　选择图层

5.3.3　复制图层

通过复制图层，可以直接得到与原图层完全相同的图层。复制图层的方法有以下几种：

- 在“图层”面板中选择需要复制的图层，按住鼠标左键并将其拖曳至面板底部的“创建新图层”按钮上。
- 在“图层”面板中选择需要复制的图层后，单击“图层”|“复制图层”命令。
- 在“图层”面板中选择需要复制的图层后，单击鼠标右键，在弹出的快捷菜单中选择“复制图层”选项。

通过命令复制图层的具体操作步骤如下：

（1）单击“文件”|“打开”命令，打开一个素材图像文件，如图5-6所示。

（2）在“图层”面板中选择“图层1”，单击“图层”|“复制图层”命令，弹出“复制图层”对话框，如图5-7所示。

（3）单击“确定”按钮，即可在“图层”面板中复制一个名为“图层1副本”的图层，如图5-8所示。

图 5-6　打开的素材图像

图 5-7　“复制图层”对话框

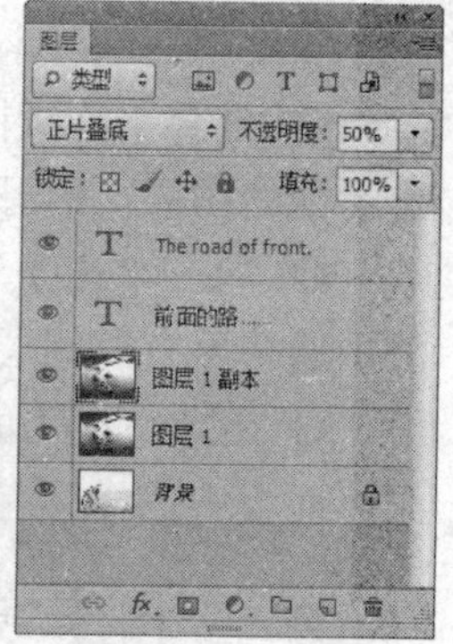

图 5-8　复制图层

5.3.4　删除图层

对于多余的图层，应该及时将其从图像中删除，以减小图像文件的大小。删除图层的具体操作步骤如下：

（1）单击“文件”|“打开”命令，打开一幅素材图像，如图 5-9 所示。

（2）移动鼠标指针至“图层”面板中的“图层 1”上，单击鼠标右键，在弹出的快捷菜单中选择“删除图层”选项，弹出提示信息框，单击“是”按钮，删除图层，效果如图 5-10 所示。

图 5-9　素材图像

图 5-10　删除图层后的效果

5.3.5　重命名图层

为了便于图像对象的编辑与查找，用户可根据需要对图层进行重命名操作。重命名图层的具体操作步骤如下：

（1）单击“文件”|“打开”命令，打开一个素材图像文件，如图 5-11 所示。

（2）在“图层”面板中选择“图层 2”，在该图层的名称上双击鼠标左键，此时图层名称呈可编辑状态，如图 5-12 所示。

（3）选择合适的输入法，输入文本“唇彩”，按【Enter】键进行确认，即重命名了图层，如图 5-13 所示。

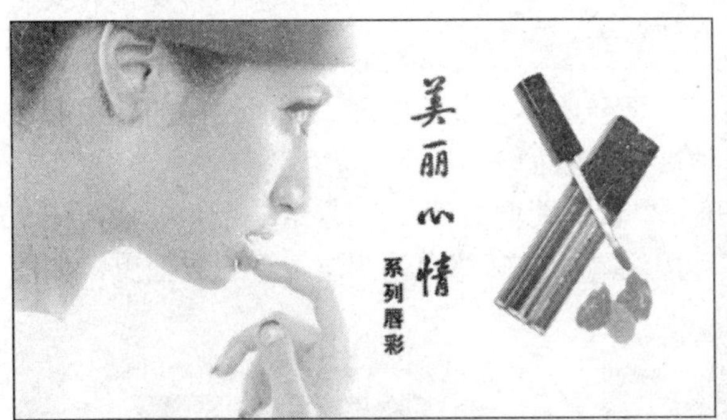

图 5-11　打开的素材图像

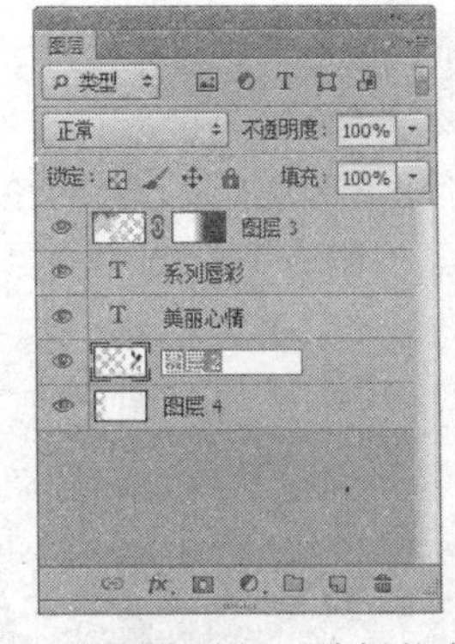

图 5-12　图层名称呈可编辑状态

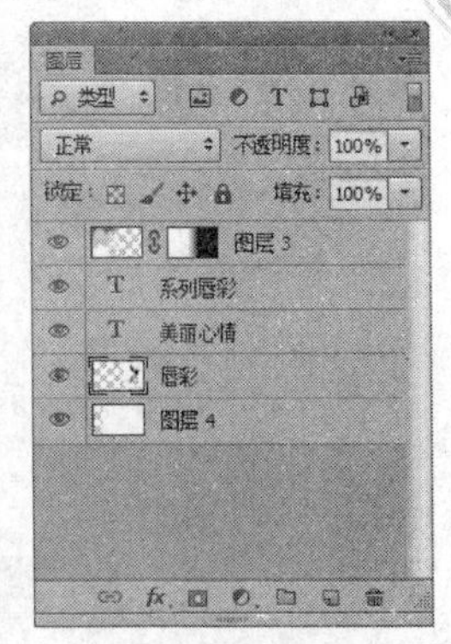

图 5-13　重命名图层

5.3.6 隐藏和显示图层

隐藏和显示图层是非常简单且基础的一类操作，只需在“图层”面板中单击相应图层左侧的“指示图层可见性”图标，使该图标呈现为，即可隐藏该图层，再次单击相同的位置，即可重新显示该图层。隐藏和显示图层的具体操作步骤如下：

（1）单击“文件”|“打开”命令，打开一个素材图像文件，如图 5-14 所示。

（2）在“图层”面板中选择需要隐藏的文字图层，将鼠标指针移至该图层左侧的“指示图层可见性”图标上，如图 5-15 所示。

图 5-14　打开的素材图像

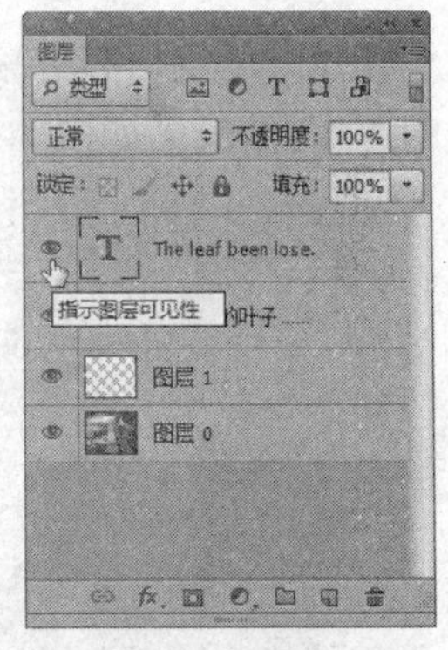

图 5-15　定位鼠标指针

（3）单击鼠标左键，使“指示图层可见性”图标呈隐藏状态，即可隐藏所选的文字图层（如图 5-16 所示），在隐藏的“指示图层可见性”图标上再次单击，即可重新显示该图层。

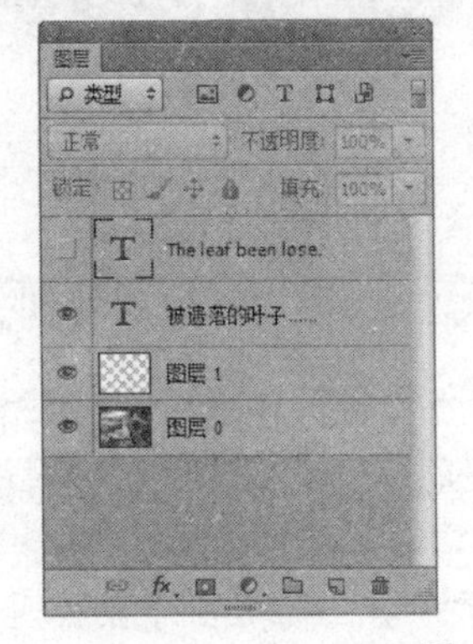

图 5-16　隐藏图层后的图像效果

5.3.7 调整图层的叠放顺序

对于一个图像文件而言，位于上方的图层总是会遮住下方的图层，此时图层的叠放顺序决定着图像的显示效果。调整图层顺序的具体操作步骤如下：

（1）单击“文件”|“打开”命令，打开一个素材图像文件，如图 5-17 所示。

（2）在“图层”面板中选择“图层 1”，按住鼠标左键并向“图层 2”下方拖曳，如图 5-18 所示。

图 5-17 打开的素材图像

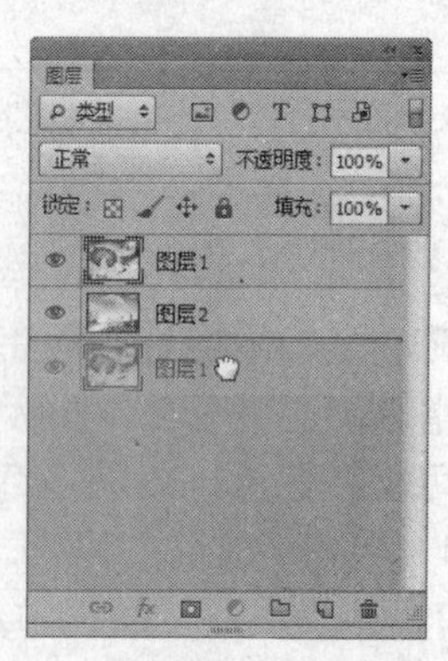

图 5-18 拖曳图层

（3）至合适位置后释放鼠标左键，即可将“图层 1”调整至“图层 2”下方，此时图像编辑窗口中的图像效果如图 5-19 所示。

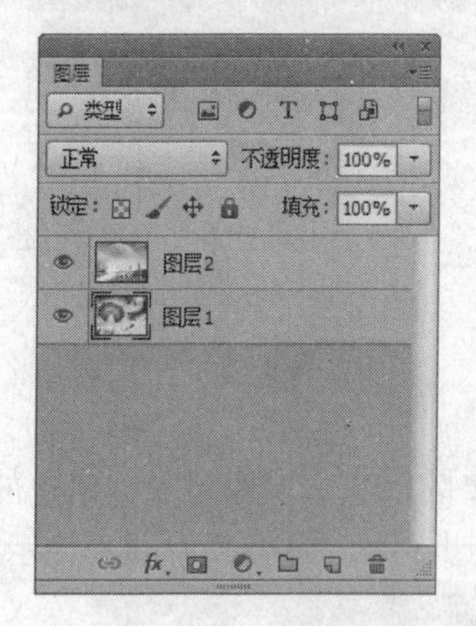

图 5-19 调整图层顺序后的图像效果

专家指点

在“图层”面板中选择“图层 1”后，单击“图层”|“排列”|“后移一层”命令，也可将“图层 1”调整至“图层 2”下方。

5.3.8 链接图层

将多个图层链接后，用户可以对链接的图层同时进行移动、旋转和缩放等操作，与同时选择多个图层不同，图层的链接关系会随文件一起保存。链接图层的具体操作步骤如下：

（1）单击“文件”|“打开”命令，打开一个素材图像文件，如图 5-20 所示。

（2）按住【Shift】键的同时，在“图层”面板中选择两个文字图层，将鼠标指针移至面板底部的“链接图层”按钮上，如图 5-21 所示。

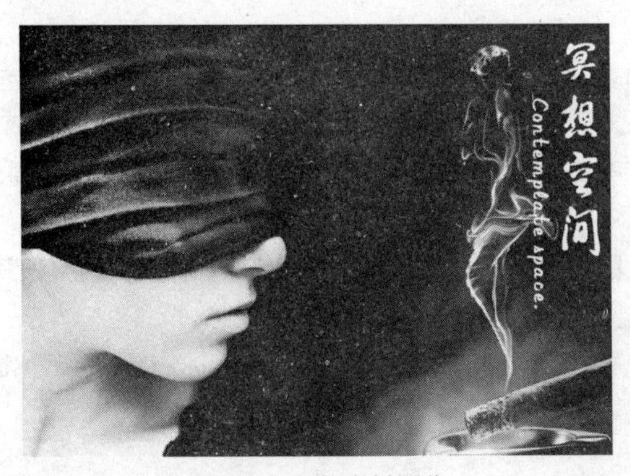

图 5-20　打开的素材图像

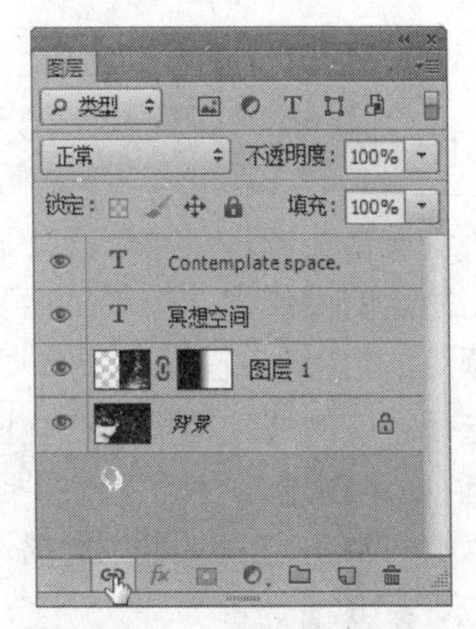

图 5-21　定位鼠标指针

（3）单击鼠标左键，即可链接这两个文字图层，相应图层的右侧显示链接图标，如图 5-22 所示。

（4）选择工具箱中的“移动”工具，将鼠标指针移至图像编辑窗口的文字上，按住鼠标左键并拖曳，至合适位置后释放鼠标左键，即可同时移动两个图层中的文字内容，如图 5-23 所示。

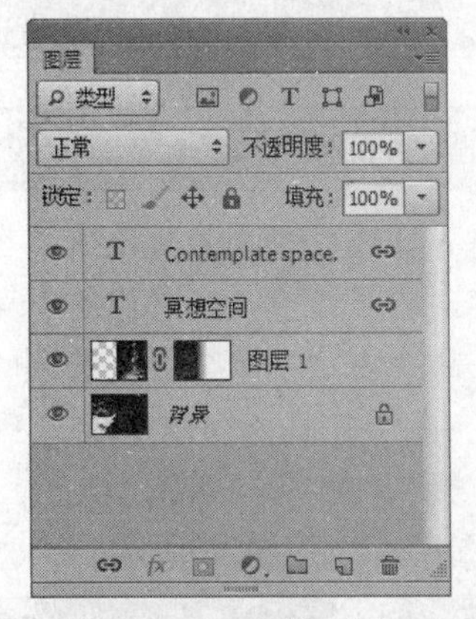

图 5-22　链接图层

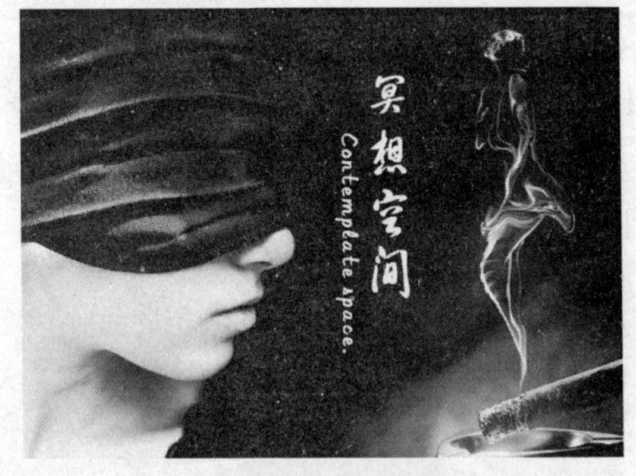

图 5-23　移动链接图层后的图像效果

5.3.9　合并图层

在 Photoshop 中，用户可以新建任意数量的图层，但图像文件的图层越多，打开和处理时所占用的内存以及保存时所占用的磁盘空间也就越大，因此及时合并一些不需要修改的图层，减少图层数量，就显得非常必要。

合并图层的方法有以下 4 种：

✿ 合并图层：若需要合并多个图层，只需先选择这些图层，然后单击“图层”|“合并图层”命令即可。

✿ 向下合并：向下合并可以将所选择的图层与其下方相邻图层进行合并，合并时下方相邻图层必须为可见状态。

- 合并可见图层：通过合并可见图层，可以将图像中所有可见的图层全部合并。
- 拼合图像：合并图像中所有的图层。若合并时图像中有隐藏的图层，系统将弹出一个提示信息框，询问用户是否扔掉隐藏的图层，单击“确定”按钮，隐藏图层将被删除；单击“取消”按钮，则取消合并操作。

5.3.10 栅格化图层

所谓栅格化图层，就是将文字图层、背景图层、形状图像和填充图层等转换为普通图层。栅格化图层的操作方法有如下两种：

- 在“图层”面板中选择要栅格化的图层，单击“图层”|“栅格化”命令，在其子菜单中选择相应的选项即可栅格化图层。
- 在“图层”面板中选择要栅格化的图层，并在该图层上单击鼠标右键，在弹出的快捷菜单中选择相应的栅格化选项，即可栅格化图层。

专家指点

> 用户若要将背景图层栅格化，可在“图层”面板中选择背景图层，并在该图层上双击鼠标左键，在弹出的“新建图层”对话框中根据自己的需要重新定义其名称，然后单击“确定”按钮，即可将背景图层转换为普通图层。
>
> 用户若要对文字图层进行栅格化，首先必须确定该图层的字体及字号大小等属性已经设置好，否则文字层栅格化后，将不能更改。

5.3.11 对齐图层

使用对齐功能可以对分布于若干个图层中的图像执行对齐操作，既高效又准确。在“图层”面板中选择需要进行对齐操作的图层，单击“图层”|“对齐”命令，在弹出的子菜单中包括“顶边”、“垂直居中”、“底边”、“左边”、“水平居中”和“右边”6 个对齐选项（如图 5-24 所示），选择不同的选项，可得到不同的对齐效果。对齐图层的具体操作步骤如下：

（1）单击“文件”|“打开”命令，打开一个素材图像文件，如图 5-25 所示。

（2）在“图层”面板中选择需要进行对齐操作的文字图层，如图 5-26 所示。

顶边(T)
垂直居中(V)
底边(B)
左边(L)
水平居中(H)
右边(R)

图 5-24 “对齐”子菜单

图 5-25 打开的素材图像

图 5-26 选择文字图层

（3）单击“图层”|“对齐”|“左边”命令，即可将图像编辑窗口中的文字对象左对齐，

如图 5-27 所示。

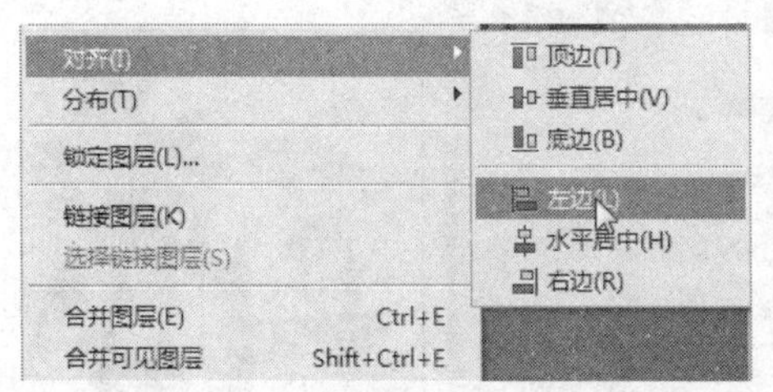

图 5-27　左对齐图层对象

5.3.12 分布图层

只有当“图层”面板中存在 3 个或 3 个以上的链接图层时，“分布”子菜单中的命令才可以被激活，选择其中的命令，可以将链接图层中的对象按特定的条件进行分布。分布图层的具体操作步骤如下：

（1）单击“文件”|“打开”命令，打开一个素材图像文件，选择需要进行分布操作的文字图层，单击“图层”|“分布”|“水平居中”命令，如图 5-28 所示。

（2）操作完成后，即可将图像编辑窗口中的链接图层水平居中分布，如图 5-29 所示。

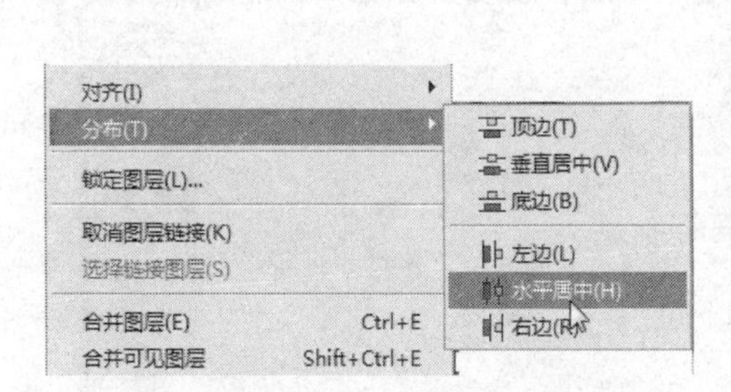

图 5-28　单击“水平居中”命令

图 5-29　水平居中分布图层

5.4 图层样式的应用

图层样式是 Photoshop 中一个非常实用的功能，使用样式可以改变图层内容的外观，轻松地制作出投影、阴影、发光、斜面和浮雕等常用图像特效，从而使作品更具视觉魅力。

5.4.1 “投影”图层样式

“投影”效果用于模拟光源照射生成的阴影，添加“投影”效果可使平面图形产生立体感。添加投影效果的具体操作步骤如下：

（1）单击“文件”|“打开”命令，打开一个素材图像文件，如图 5-30 所示。

（2）选择“图层 3”，单击“图层”|“图层样式”|“投影”命令，弹出“图层样式”对话框，在其中设置各选项，如图 5-31 所示。

（3）单击“确定”按钮，即可为图像添加“投影”图层样式，如图 5-32 所示。

图 5-30　打开的素材图像

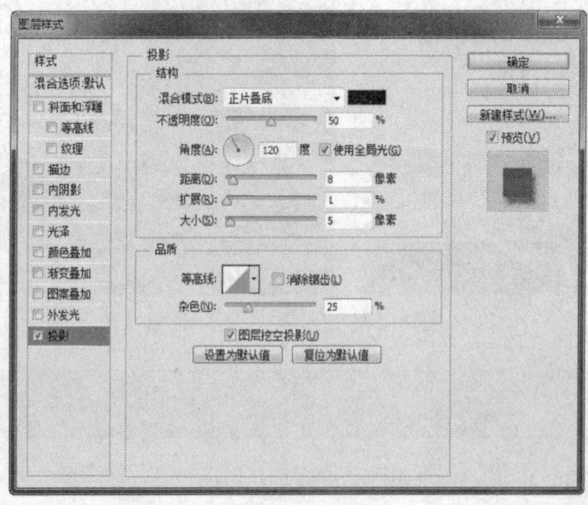

图 5-31　“图层样式”对话框

图 5-32　添加“投影”图层样式

5.4.2　“描边”图层样式

“描边”图层样式用于在图像的边缘创建描边效果，它可以从图像的边缘向外或向内填充内容，也可以从图像的中心向图像的边缘填充内容。添加描边效果的具体操作步骤如下：

（1）单击“文件”|“打开”命令，打开一个素材图像文件，如图 5-33 所示。

（2）在“图层 0”上双击鼠标左键，弹出“图层样式”对话框，如图 5-34 所示。

图 5-33　素材图像

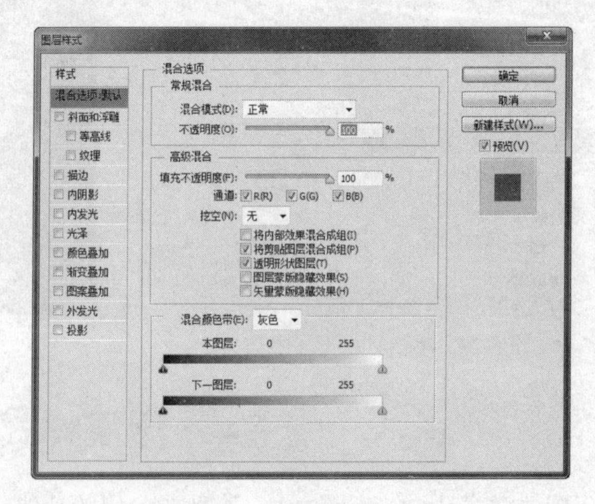

图 5-34　“图层样式”对话框

（3）在该对话框左侧选中“描边”复选框，切换至“描边”参数选项区，设置“填充类型”为“颜色”、“颜色”为绿色（RGB 参数值依次为 4、187、112），如图 5-35 所示。

（4）单击“确定”按钮，即可添加描边样式，效果如图 5-36 所示。

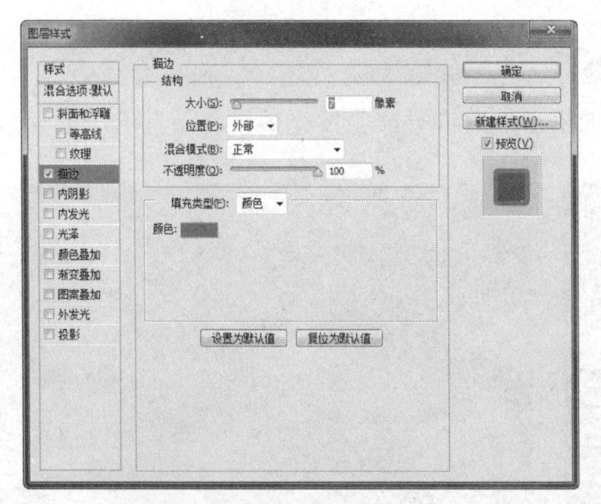

图 5-35 “图层样式”对话框

图 5-36 添加描边后的图像效果

5.4.3 “内阴影”图层样式

运用“内阴影”图层样式，可以使图像产生凹陷的效果，如图 5-37 所示。

图 5-37 添加“内阴影”图层样式前后的效果对比

5.4.4 “斜面和浮雕”图层样式

使用“斜面和浮雕”图层样式，可以增加图像的立体感，如图 5-38 所示。

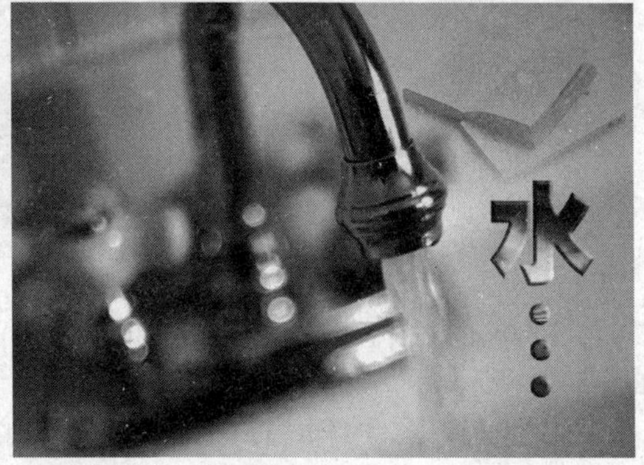

图 5-38 添加“斜面和浮雕”图层样式前后的效果对比

5.4.5 “外发光”图层样式

使用“外发光”图层样式，可以使图像沿着边缘向外产生发光效果，而且用户可根据需要设置不同的发光样式，如图 5-39 所示。

图 5-39　添加“外发光”图层样式前后的效果对比

5.4.6 编辑图层样式

为图像添加图层样式后，用户可以根据需要隐藏/显示图层样式、复制图层样式以及缩放图层样式等。

隐藏/显示图层样式

通过隐藏/显示图层样式，可以方便地对图像添加图层样式前后的效果进行对比，其具体操作步骤如下：

（1）单击“文件”|“打开”命令，打开一个素材图像文件，如图 5-40 所示。

（2）在“图层”面板中选择“图层 2”，将鼠标指针移至“效果”左侧的“切换所有图层效果可见性”图标上，如图 5-41 所示。

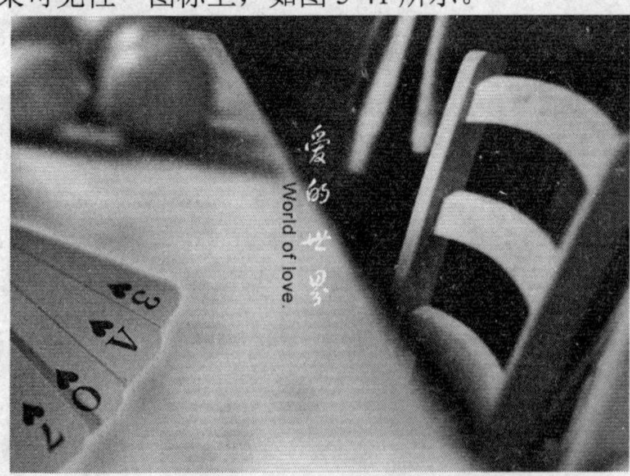

图 5-40　打开的素材图像

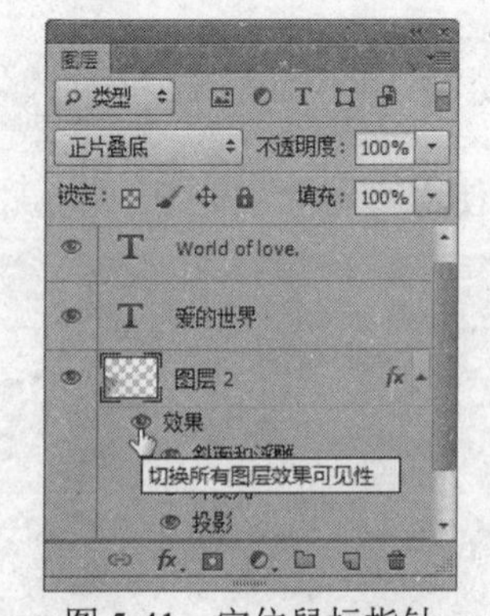

图 5-41　定位鼠标指针

（3）单击鼠标左键，“切换所有图层效果可见性”图标呈隐藏状态，即可隐藏图层样式，如图 5-42 所示。

（4）此时，图像编辑窗口中的图像效果如图 5-43 所示。在“切换所有图层效果可见性”图标隐藏处单击鼠标左键，即可重新显示图层样式。

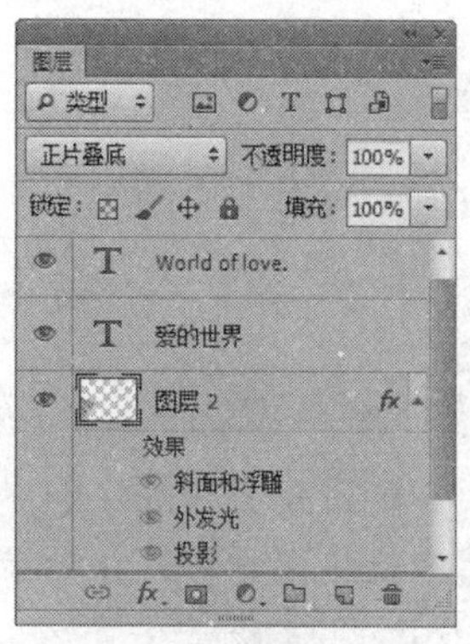

图 5-42　隐藏图层样式

图 5-43　隐藏图层样式后的图像效果

复制图层样式

通过复制与粘贴图层样式，可以减少重复操作。复制图层样式的具体操作步骤如下：

（1）单击“文件”|“打开”命令，打开一个素材图像文件，如图 5-44 所示。

（2）在“图层”面板中选择“曾经的回忆”图层，并在该图层上单击鼠标右键，在弹出的快捷菜单中选择“拷贝图层样式”选项，如图 5-45 所示。

图 5-44　打开的素材图像

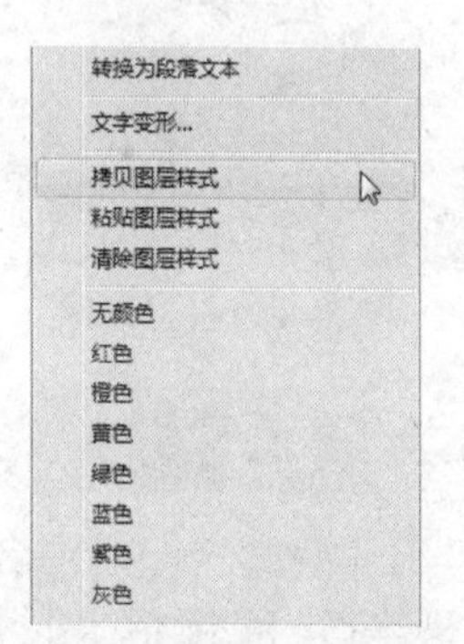

图 5-45　选择相应选项

（3）选择“图层”面板中的“落满了一地”图层，单击鼠标右键，在弹出的快捷菜单中选择“粘贴图层样式”选项，即可将复制的图层样式粘贴到“落满了一地”图层上，如图 5-46 所示。此时，图像编辑窗口中的文字效果如图 5-47 所示。

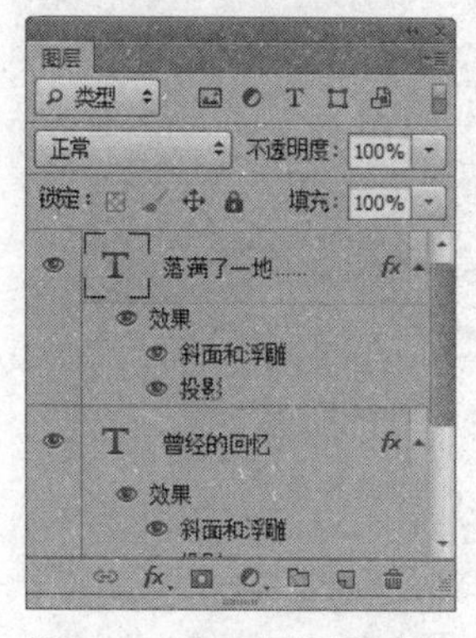

图 5-46　复制图层样式

图 5-47　复制图层样式后的文字效果

5.5 图层的混合模式

图层混合模式用来控制图层之间的像素颜色相互融合的效果，应用不同的混合模式会得到不同的效果。

5.5.1 “溶解”混合模式

“溶解”混合模式在图层完全不透明的情况下，效果与正常模式完全相同，但当降低图层的不透明度时，某些像素变得透明，其他像素则完全不透明，最终得到颗粒化效果。

（1）单击“文件”|“打开”命令，打开一幅素材图像，如图 5-48 所示。

（2）展开“图层”面板，选择“图层 1”，单击“设置图层的混合模式”下拉按钮，在弹出的下拉列表中选择“溶解”选项，如图 5-49 所示。

（3）设置“不透明度”为 90%，此时图像呈“溶解”模式显示，效果如图 5-50 所示。

图 5-48　素材图像

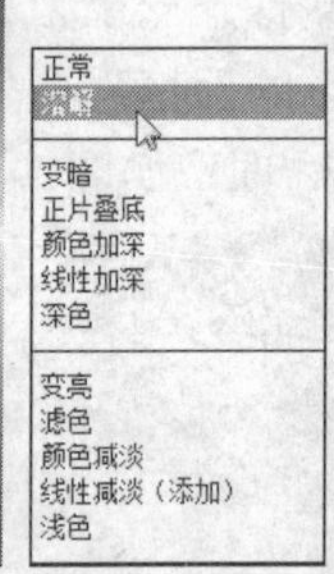

图 5-49　选择“溶解”选项

图 5-50　“溶解”模式图像效果

5.5.2 “正片叠底”混合模式

“正片叠底”图层混合模式，是将上下两个图层中对应像素的颜色参数值相乘再除以 255，最终得到的颜色比上下两个图层的颜色都要暗一些。

（1）单击“文件”|“打开”命令，打开一个素材图像文件，如图 5-51 所示。

（2）在“图层”面板中选择“图层 3”，将鼠标指针移至面板上方的“设置图层的混合模式”下拉按钮上，如图 5-52 所示。

图 5-51　打开的素材图像

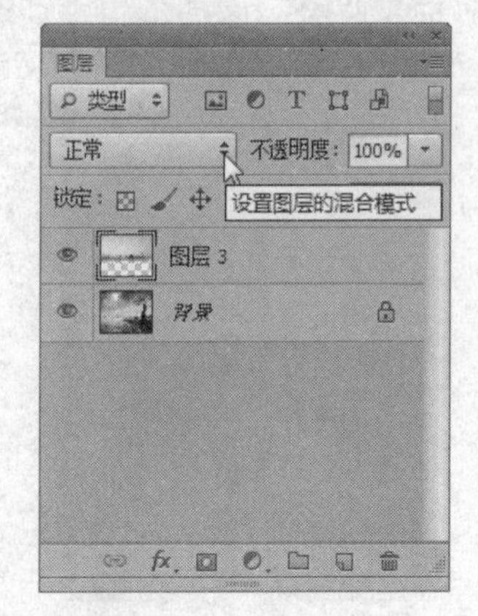

图 5-52　定位鼠标指针

（3）单击鼠标左键，在弹出的下拉列表中选择“正片叠底”选项，如图 5-53 所示。

（4）操作完成后，即可应用“正片叠底”图层混合模式，效果如图 5-54 所示。

图 5-53　选择“正片叠底”选项

图 5-54　应用“正片叠底”混合模式后的效果

5.5.3 “叠加”混合模式

应用此混合模式时，图像的最终效果将取决于下方图层，但上方图层的明暗对比效果也将直接影响图像整体效果，叠加后下方图层的亮度区与阴影区仍被保留，如图 5-55 所示。

图 5-55　应用“叠加”混合模式的前后效果对比

5.5.4 “变暗”混合模式

“变暗”图层混合模式是将上下两个图层的像素进行比较，以上方图层中的较暗像素替换下方图层中与之相对应的较亮像素，同时以下方图层中较暗的区域替换上方图层中较亮的区域，因此，应用该混合模式后的图像整体变暗，如图 5-56 所示。

5.5.5 “强光”混合模式

应用该混合模式，可以使图像的颜色变亮或变暗，具体变化程度取决于像素的明暗程度。若混合色比 50%灰色亮，则图像变亮，反之，则图像变暗，如图 5-57 所示。

图 5-56　应用“变暗”混合模式的前后效果对比

图 5-57　应用“强光”混合模式的前后效果对比

5.5.6 “线性光”混合模式

在应用此混合模式时，若混合色比 50%灰色亮，用户可以通过增加亮度来加亮图像，反之，则通过降低亮度来使图像变暗，如图 5-58 所示。

图 5-58　应用“线性光”混合模式的前后效果对比

5.6 课后习题

一、填空题

1．图层的类型主要有_________、普通图层、_________、形状图层、_________、填充图层、_________等。

2．栅格化图层，就是将文字图层、背景图层、形状图像和填充图层等转换为_________。

3．使用________图层样式可以使图像沿着边缘向外产生发光效果。

二、简答题

1．图层分为哪几大分类，其特点分别是什么？

2．简述隐藏与显示图层的具体方法。

3．如何复制和粘贴图层样式？

三、上机操作

1．制作如图 5-59 所示的花样相框效果。

图 5-59 花样相框

关键提示：

（1）复制并粘贴“人物素材”图像至“相框素材”图像中，然后使用“自由变换”命令调整至合适大小及位置。

（2）使用椭圆选框工具创建一个椭圆选区，反选选区，并按【Delete】键，删除选区内的图像，并取消选区。

（3）单击“图层”|“排列”|“后移一层”命令，将人物素材移至相框素材的下方。

2．使用横排文字蒙版工具制作如图 5-60 所示的鲜果屋宣传海报效果。

关键提示：

（1）新建一个 15 厘米×8 厘米（长×宽）的 RGB 模式图像文件，将水果素材图像移至新建文件图像中，并调整至大小及位置。

（2）使用矩形工具绘制一个颜色为橙色（RGB 参数值分别为 242、140、0）的填充矩形，并在“图层”面板中设置图层混合模式为“正片叠底”。

（3）置入另一幅水果素材图像，并添加“外发光”样式，输入相应的文字。

图 5-60　鲜果屋宣传海报效果

第 6 章　路径与形状的应用

路径和形状是 Photoshop 可以建立的两种矢量图形，由于是矢量对象，因此可以自由地缩小或放大而不会失真，还可以输出到 Illustrator 等矢量图形软件中进行编辑。

6.1　了解路径和形状

路径在 Photoshop 中有着广泛的应用，它可以描边和填充颜色，也可作为剪切路径应用到矢量蒙版中。此外，路径还可以转换为选区，因此常用于抠取复杂而光滑的对象。形状实际上就是由路径轮廓围成的矢量图形。两者之间存在着本质上的区别，但同时又有着密切的联系。

6.1.1　认识路径

在 Photoshop 中，大多数路径是使用钢笔工具或形状工具绘制得到的，路径的基本构成部分是路径线、锚点和控制柄，如图 6-1 所示。

路径的类型包括直线型、曲线型和混合型，图 6-2 所示的开放路径就是一条包括直线路径和曲线路径的混合型路径。

图 6-1　绘制的路径

图 6-2　混合型路径

专家指点

路径的类型由其具有的锚点所决定，直线型路径的锚点没有控制柄，因此其两侧的线段为直线。

在 Photoshop 中，路径技术在创建选区、描绘边缘和勾画轮廓等方面有着广泛的应用。

创建选区

路径技术在 Photoshop 的图形技术中占据着非常重要的地位，运用路径可以转换为选区的功能，可以创建非常精确的选区（如图 6-3 所示），因此，它在图像的合成方面应用得非常广泛，如图 6-4 所示。

图 6-3　创建选区

图 6-4　图像合成

描绘边缘

运用路径对图像进行描边，可以制作具有特殊效果的作品（如图 6-5 所示），路径较为常见的应用还包括绘制卡通与写实人物的头发，如图 6-6 所示。

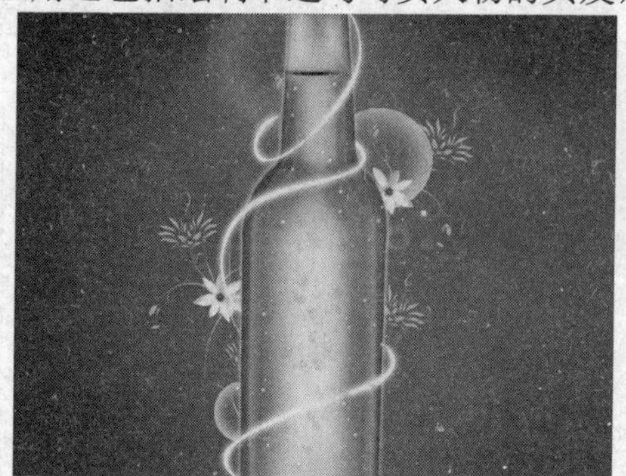

图 6-5　描边效果

图 6-6　发丝效果

勾画轮廓

路径技术除了用于创建选区、进行描边外，还可绘制精确的形状，如图 6-7 所示。

图 6-7　勾画轮廓

6.1.2 认识形状

形状技术是另一项在 Photoshop 中被频繁使用的矢量技术。Photoshop CS6 提供了多种绘制形状的工具，包括矩形工具、圆角矩形工具、椭圆工具、多边形工具、直线工具以及自定形状工具等。运用这些工具，可以快速地绘制出矩形、圆角矩形、椭圆形、多边形以及一些特殊的自定义形状，如图 6-8 所示。

Photoshop CS6 新增了许多自定义形状，以帮助用户制作更加丰富的图像效果和路径，如图 6-9 所示。

图 6-8 特殊的自定义形状

图 6-9 自定义图形

6.2 绘制路径

Photoshop 提供了两种用于绘制路径的工具，包括钢笔工具和自由钢笔工具，另外形状工具组中的直线工具也属于路径绘制工具。

6.2.1 使用钢笔工具绘制路径

创建路径最常用的工具是“钢笔”工具，选择工具箱中的“钢笔”工具，其属性栏如图 6-10 所示。

图 6-10 “钢笔”工具属性栏

钢笔工具属性栏中主要选项的含义如下：

- 选择工具模式 路径：在该下拉列表框中可以选择建立选区、蒙版或形状三种模式。
- 路径操作：单击该按钮，在弹出的下拉面板中选择相应选项，可以像选区运算模式一样，对路径进行相加、相减等运算操作。
- 路径对齐方式：单击该按钮，在弹出的下拉面板中选择相应选项，可以选择路径的对齐方式。
- 路径排列方式：单击该按钮，在弹出的下拉面板中选择相应选项，可以调整路径放置的图层。

✿ 橡皮带：选中该复选框，在屏幕上移动鼠标指针时，从上一个鼠标单击点到当前鼠标指针所在位置之间将会显示一条线段，有助于确定下一个锚点的位置。

✿ 自动添加/删除：选中该复选框，可用钢笔工具直接添加或删除锚点。若要屏蔽此功能，可按住【Shift】键执行操作。

（1）单击“文件”|“打开”命令，打开一幅啤酒瓶素材图像，选取工具箱中的“钢笔”工具，将鼠标指针移至图像编辑窗口的合适位置，如图 6-11 所示。

（2）单击鼠标左键，确认路径的第 1 点，将鼠标指针移至另一位置，按住鼠标左键并拖曳，至适当位置后释放鼠标左键，创建路径的第 2 点，如图 6-12 所示。

图 6-11　定位鼠标指针

图 6-12　创建锚点

（3）再次将鼠标指针移至合适位置，按住鼠标左键并拖曳，至合适位置后释放鼠标左键，创建路径的第 3 点，如图 6-13 所示。

专家指点

在运用钢笔工具创建锚点时，若同时按住【Alt】键，可对锚点上的控制柄进行拉长和缩短操作。

（4）用与上述相同的方法，创建路径的第 4 点，按住【Ctrl】键的同时，单击空白区域，即可完成路径的绘制，如图 6-14 所示。

图 6-13　创建第 3 个锚点

图 6-14　创建第 4 个锚点

6.2.2　使用自由钢笔工具绘制路径

“自由钢笔”工具的使用方法类似于“铅笔”工具的使用方法，与“铅笔”工具不同的是，使用“自由钢笔”工具绘制图形时得到的是路径。运用“自由钢笔”工具绘制路径的具体操作步骤如下：

（1）单击“文件”|“打开”命令，打开一幅人物素材图像，如图6-15所示。

（2）选择工具箱中的“自由钢笔”工具，将鼠标指针移至人物的头上，按住鼠标左键并沿人物的轮廓拖曳，如图6-16所示。

图6-15　打开的素材图像

图6-16　拖曳鼠标

（3）沿人物轮廓拖曳鼠标一周后，将鼠标指针移至路径的起始位置，鼠标指针呈带空心矩形的钢笔形状，如图6-17所示。

（4）单击鼠标左键，即可创建一条闭合的路径，如图6-18所示。

图6-17　定位鼠标指针

图6-18　创建闭合路径

6.3 编辑路径

在 Photoshop 中，使用各种路径工具沿图像的轮廓创建路径以后，用户可以对路径进行进一步的编辑操作，如选择和移动路径、添加和删除锚点、连接和断开路径、平滑和尖突锚点、复制和变换路径以及显示和隐藏路径等。

6.3.1 选择和移动路径

用户在创建完路径后，一般都需要对路径进行调整，此时就需要执行选择和移动路径操作，其具体操作步骤如下：

（1）单击“文件”|“打开”命令，打开一幅创建了工作路径的图像，如图 6-19 所示。

（2）单击“窗口”|“路径”命令，弹出“路径”面板，将鼠标指针移至面板中的“工作路径”上，单击鼠标左键，使其呈选中状态，如图 6-20 所示。

图 6-19　打开的图像

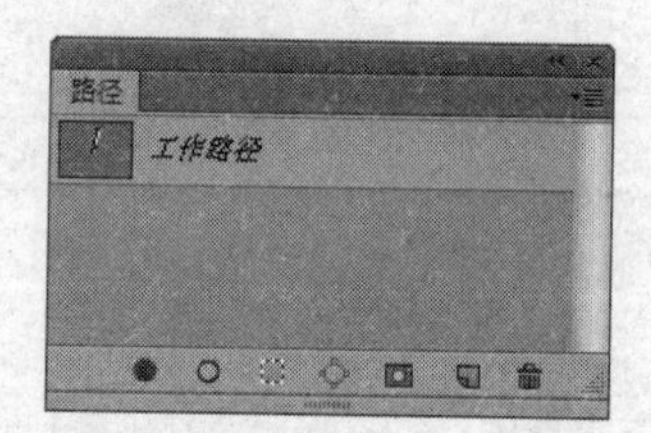

图 6-20 “路径”面板

（3）选择工具箱中的“路径选择”工具，将鼠标指针移至图像编辑窗口中显示的路径上，单击鼠标左键，即可选择该路径如图 6-21 所示。

（4）将鼠标指针移至路径的边缘处，按住鼠标左键并向左拖曳，至合适位置后释放鼠标左键，即可移动该路径，如图 6-22 所示。

图 6-21　选择路径

图 6-22　移动路径

6.3.2 添加和删除锚点

运用工具箱中的添加锚点工具和删除锚点工具，可以对创建的路径添加锚点，或删除多余的锚点。

（1）单击“文件”|“打开”命令，打开一个图像文件，运用工具箱中的“路径选择”工具选择图像编辑窗口中的工作路径，选择工具箱中的“添加锚点”工具，将鼠标指针移至路径边缘处，鼠标指针呈带加号的钢笔形状，如图 6-23 所示。

（2）单击鼠标左键，即可添加一个锚点，如图 6-24 所示。

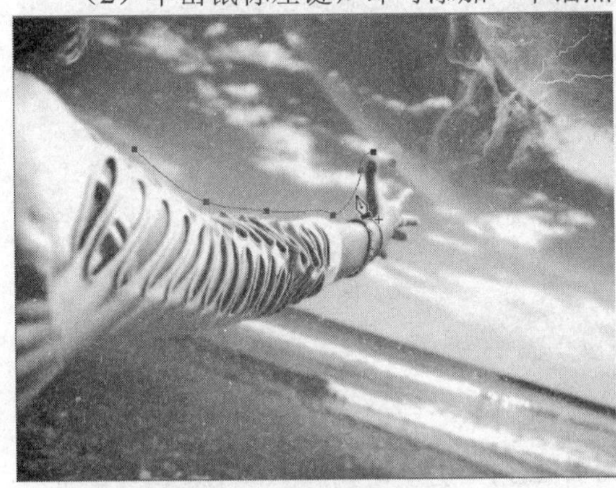

图 6-23　定位鼠标指针

图 6-24　添加锚点

（3）选择工具箱中的“删除锚点”工具，将鼠标指针移至路径中需要删除的锚点上，鼠标指针呈带减号的钢笔形状，如图 6-25 所示。

（4）单击鼠标左键，即可删除该锚点，如图 6-26 所示。

图 6-25　定位鼠标指针

图 6-26　删除锚点

6.3.3 连接和断开路径

在图像编辑窗口中绘制与编辑路径时，用户可以根据设计的需要对路径进行连接和断开操作。

连接路径

在绘制路径的过程中，可能会因为某种原因而得到一些不连续的路径，这时用户可以使用钢笔工具来连接这些零散的路径。

（1）单击“文件”|“打开”命令，打开一个图像文件，如图 6-27 所示。

（2）运用“路径选择”工具选择图像编辑窗口中的路径，然后选择工具箱中的“钢笔”工具，将鼠标指针移至需要连接的第 1 个锚点上，鼠标指针呈带矩形的钢笔形状，如图 6-28 所示。

图 6-27　打开的图像文件

图 6-28　定位鼠标指针

（3）单击鼠标左键，然后将鼠标指针移至需要连接的第 2 个锚点上，鼠标指针呈带圆形的钢笔形状，如图 6-29 所示。

（4）单击鼠标左键，即可将图像编辑窗口中的开放路径连接起来，如图 6-30 所示。

图 6-29　定位鼠标指针

图 6-30　连接路径

断开路径

若需要将一条闭合路径转换为一条开放路径，或将一条开放路径转换为两条开放路径时，需要切断连续的路径。

（1）单击“文件”|“打开”命令，打开一个图像文件，显示路径，运用工具箱中的直接选择工具双击选中路径最左边的锚点，如图 6-31 所示。

（2）按【Delete】键，删除选择的锚点，即可断开路径，如图 6-32 所示。

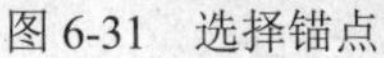

图6-31　选择锚点

图6-32　断开路径

6.3.4　平滑和尖突锚点

平滑锚点是指运用工具箱中的转换点工具将尖突锚点转换为平滑锚点，平滑锚点有两个控制柄且在一条直线上；尖突锚点是指将路径中的平滑锚点转换为尖突锚点，尖突锚点没有控制柄。运用工具箱中的“转换点”工具，用户可以根据需要对锚点进行平滑和尖突操作。

（1）单击“文件”|“打开”命令，打开一个图像文件，运用工具箱中的直接选择工具，选择图像编辑窗口中需要进行平滑的锚点，然后选择工具箱中的“转换点”工具，将鼠标指针移至选择的锚点上，如图6-33所示。

（2）单击鼠标左键，即可平滑锚点，如图6-34所示。

（3）选择工具箱中的转换点工具，将鼠标指针移至需要尖突的锚点上，如图6-35所示。

（4）单击鼠标左键，即可尖突锚点，如图6-36所示。

图6-33　定位鼠标指针

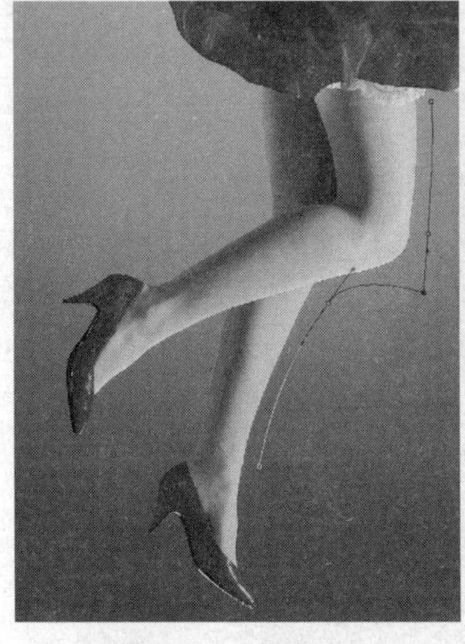

图6-34　平滑锚点

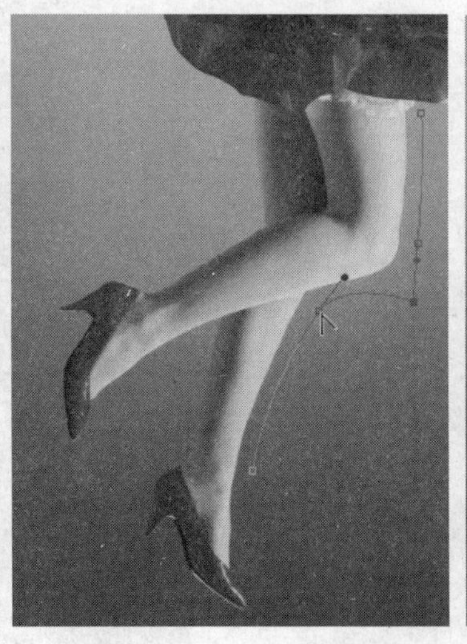

图6-35　定位鼠标指针

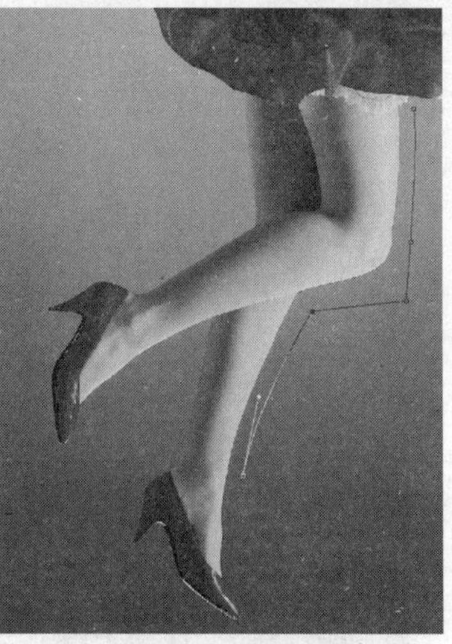

图6-36　尖突锚点

6.3.5 复制和变换路径

在 Photoshop 的图像编辑窗口中创建路径后，用户可以对其进行复制与变换操作，其具体操作方法如下：

（1）单击“文件”|“打开”命令，打开一个图像文件，运用工具箱中的路径选择工具选择需要复制的源路径，按住【Alt】键的同时，将鼠标指针移至所选路径的边缘处，鼠标指针呈带加号的箭头形状，如图 6-37 所示。

（2）按住鼠标左键并向右拖曳，至合适位置后释放鼠标左键，即可复制路径，如图 6-38 所示。

图 6-37　定位鼠标指针

图 6-38　复制路径

（3）将鼠标指针移至需要变换的路径的边缘处，单击鼠标右键，在弹出的快捷菜单中选择“自由变换路径”选项，此时路径的四周显示 8 个控制柄，将鼠标指针移至右下角的控制柄上，鼠标指针呈双向箭头形状，如图 6-39 所示。

（4）按住鼠标左键并向左拖曳，至合适位置后释放鼠标左键，并按【Enter】键进行确认，即可变换路径对象，如图 6-40 所示。

图 6-39　定位鼠标指针

图 6-40　变换路径

6.3.6　显示和隐藏路径

一般情况下，绘制的路径以黑色线条显示于当前图像上，用户可根据需要对其进行显示和隐藏操作。

（1）单击“文件”|“打开”命令，打开一个创建了工作路径的素材图像文件，如图 6-41 所示。

（2）单击“窗口”|“路径”命令，打开“路径”面板，在“工作路径”上单击鼠标左键，使其呈选中状态，即可在图像编辑窗口中显示路径，如图 6-42 所示。

（3）在“路径”面板的灰色区域单击鼠标左键，即可隐藏路径。

图 6-41　打开的图像文件

图 6-42　显示路径

专家指点

在使用路径绘制工具绘制路径时，若没有在“路径”面板中选择任何一条路径，则 Photoshop 会自动创建一个“工作路径”。在没有进行保存的情况下，绘制的新路径会替换原路径。

6.3.7　存储和删除路径

在绘制新路径时，Photoshop 会自动创建一个“工作路径”，而该路径要在被保存后才可以永久地保留下来，如果不想保留该路径，用户也可以将其删除。

（1）单击“文件”|“打开”命令，打开一幅人物素材图像，如图 6-43 所示。

（2）选择工具箱中的钢笔工具，在图像编辑窗口中的合适位置绘制一条开放路径，如图 6-44 所示。

（3）打开“路径”面板，在“工作路径”上双击鼠标左键，弹出“存储路径”对话框，在“名称”文本框中输入文本“轮廓”，如图 6-45 所示。

（4）单击“确定”按钮，即可存储该路径，同时“路径”面板中的“工作路径”变为“轮廓”，如图 6-46 所示。

图 6-43　打开的素材图像

图 6-44　创建开放路径

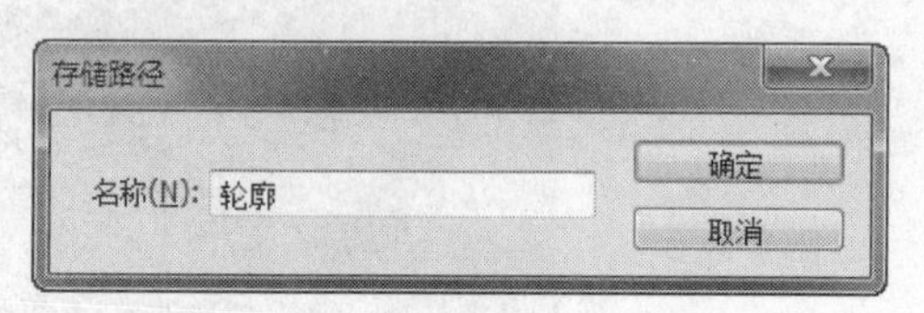

图 6-45　“存储路径”对话框

图 6-46　存储的路径

（5）在“路径”面板中选择“轮廓”路径，单击面板底部的“删除当前路径”按钮，如图 6-47 所示。

（6）此时将弹出提示信息框，单击“是”按钮，即可将“路径”面板中选择的“轮廓”路径删除，如图 6-48 所示。

图 6-47　单击“删除当前路径”按钮

图 6-48　删除路径

6.3.8 填充和描边路径

除了可以对路径进行选择、移动、添加锚点、删除锚点、连接、断开、平滑锚点和尖突锚点操作外，还可对其进行填充和描边，使其更加美观和形象。

填充路径

填充就是在指定区域内填入颜色、图案或快照等，该功能类似于工具箱中的“油漆桶”工具的功能，不同的是“油漆桶”工具只能填入颜色而不能填充图案等内容。

（1）单击“文件”|“打开”命令，打开一个图像文件，并显示文件中的路径，如图 6-49 所示。

（2）单击“路径”面板右上角的面板菜单按钮，在弹出的面板菜单中选择“填充路径”选项，弹出“填充路径”对话框，单击“使用”下拉列表框右侧的下拉按钮，在弹出的下拉列表中选择“颜色”选项，如图 6-50 所示。

图 6-49　打开的图像文件

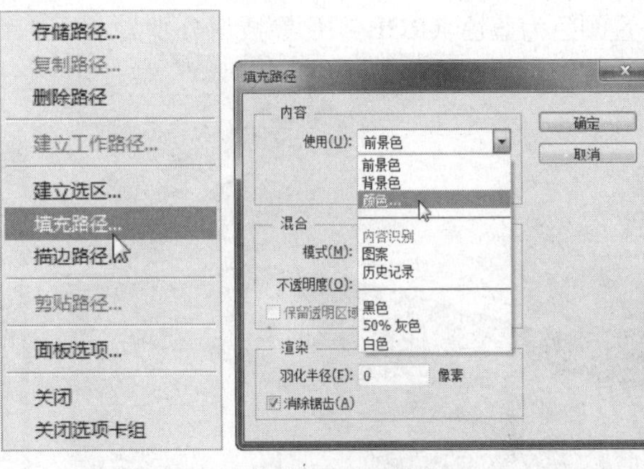

图 6-50　“填充路径”对话框

（3）弹出“拾色器”对话框，在其中设置颜色为黄色（RGB 颜色参数值分别为 255、255、0），如图 6-51 所示。

（4）依次单击“确定”按钮，即可填充路径，并将图像编辑窗口中的路径隐藏，如图 6-52 所示。

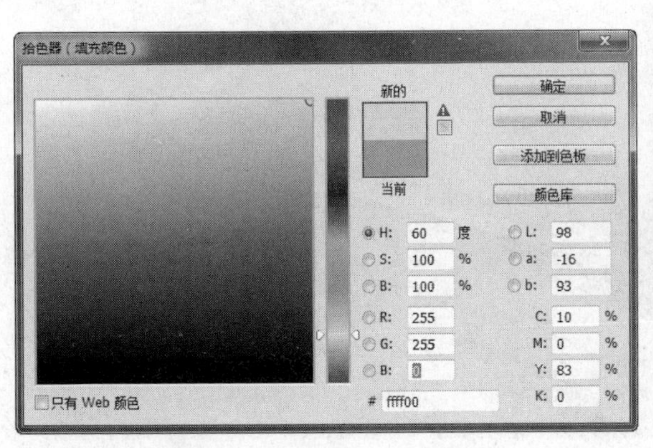

图 6-51　“拾色器”对话框

图 6-52　填充路径

专家指点

单击“路径”面板底部的“用前景色填充路径”按钮，可直接用设置的前景色对路径进行填充。

描边路径

描边功能可以为选取的路径制作边框，以达到一些特殊的效果。描边路径的具体操作步骤如下：

（1）单击“文件”|“打开”命令，打开一幅素材图像，运用工具箱中的“钢笔”工具在图像编辑窗口中的合适位置绘制一条开放路径，如图 6-53 所示。

（2）双击工具箱中的“设置前景色”色块，弹出“拾色器（前景色）”对话框，在其中设置颜色为蓝色（RGB 颜色参数值分别为 90、0、255），如图 6-54 所示。

图 6-53　打开的素材图像

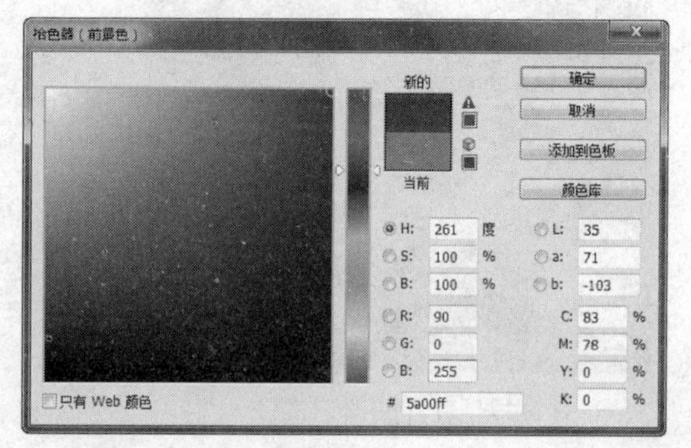

图 6-54　“拾色器（前景色）”对话框

（3）选择工具箱中的“画笔”工具，在其属性栏中设置“画笔”为“柔角 13 像素”，打开“路径”面板，单击面板底部的“用画笔描边路径”按钮，如图 6-55 所示。

（4）即可对图像编辑窗口中的路径进行描边，在“路径”面板的空白处单击鼠标左键，隐藏路径，如图 6-56 所示。

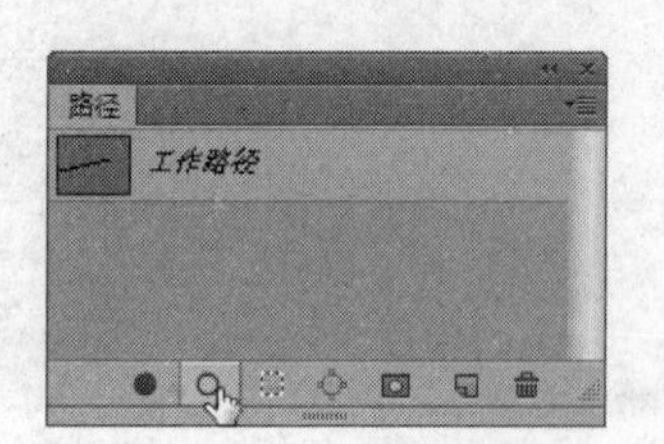

图 6-55　单击“用画笔描边路径”按钮

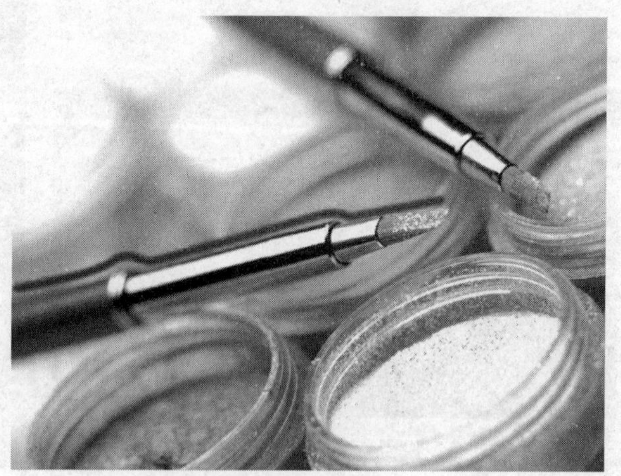

图 6-56　描边路径

6.4　绘制与自定义形状

运用工具箱中的“矩形”工具、“圆角矩形”工具、“椭圆”工具、“多边形”工具、“直线”工具，以及“自定形状”工具，可以方便地绘制出常见的基本形状。

6.4.1　使用矩形工具绘制形状

运用“矩形”工具可以绘制各种矩形，用户也可通过设置“矩形”工具属性来绘制正方形，还可以设置矩形的尺寸或固定宽、高比例等。

（1）单击“文件”|“打开”命令，打开一个图像文件（如图 6-57 所示），在“图层”面板中选择“图层 1”。

（2）选择工具箱中的“矩形”工具，在其属性栏中设置其“工作模式”为“形状”，再单击“填充”色块图标，在弹出的下拉面板中单击“拾色器”按钮，弹出“拾色器（填充颜色）”对话框，在其中设置颜色为淡绿色，如图 6-58 所示。

（3）单击“确定”按钮，将鼠标指针移至图像编辑窗口中的合适位置，按住鼠标左键并向右下角拖曳，如图 6-59 所示。

（4）至合适位置后释放鼠标左键，在“图层”面板中显示“矩形 1”图层，如图 6-60 所示。

（5）此时，即在图像编辑窗口中绘制了一个矩形，如图 6-61 所示。

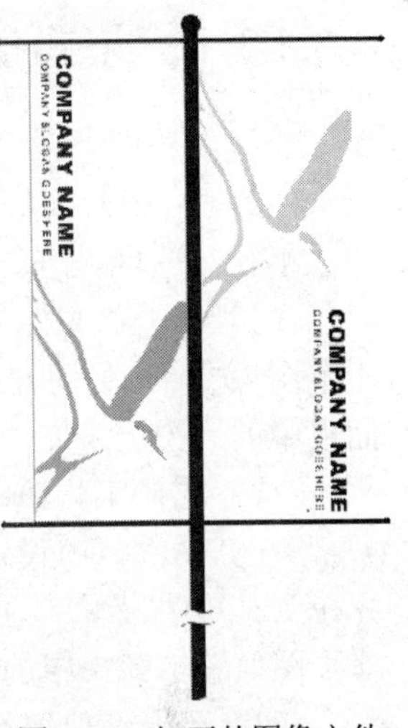

图 6-57　打开的图像文件

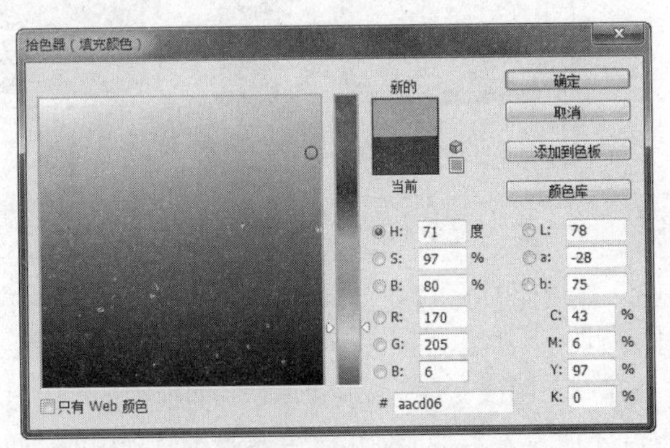

图 6-58　“拾色器（填充颜色）”对话框

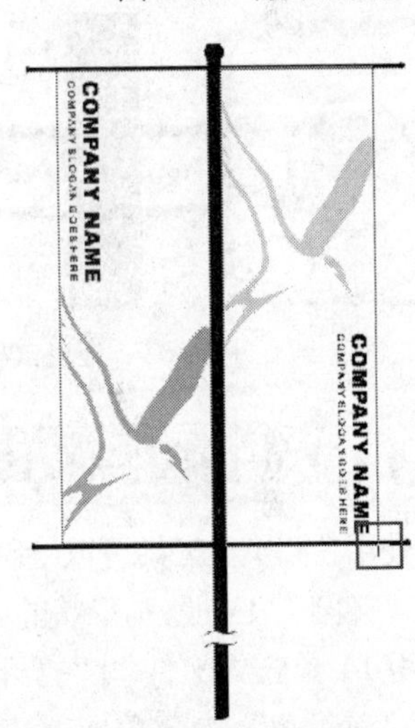

图 6-59　拖曳鼠标

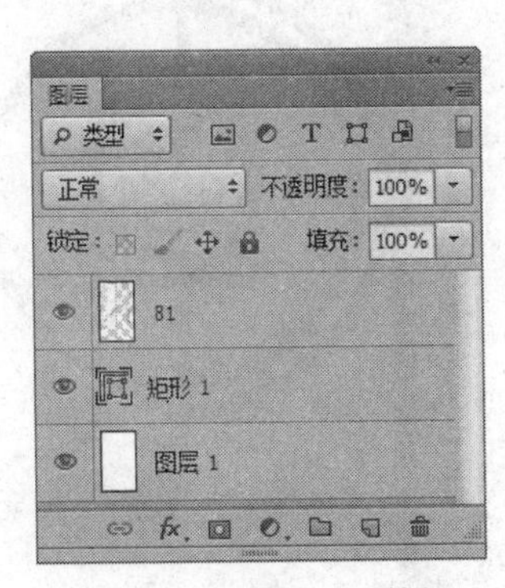

图 6-60　“图层”面板

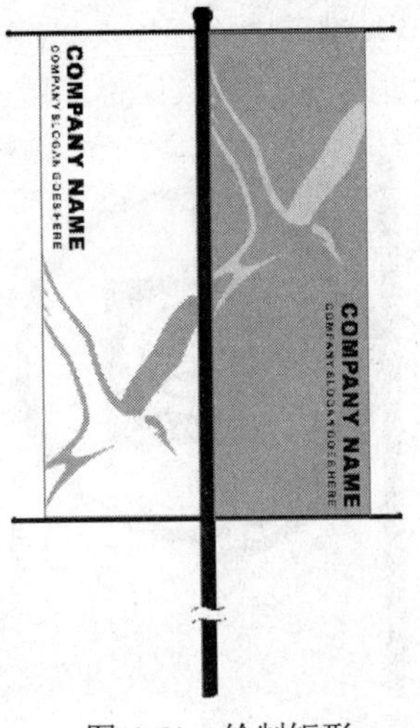

图 6-61　绘制矩形

6.4.2 使用圆角矩形工具绘制形状

运用工具箱中的“圆角矩形”工具可以绘制圆角矩形，其操作方法与矩形工具的操作方法基本相同，不同的是，在其属性栏中多了一个“半径”选项。

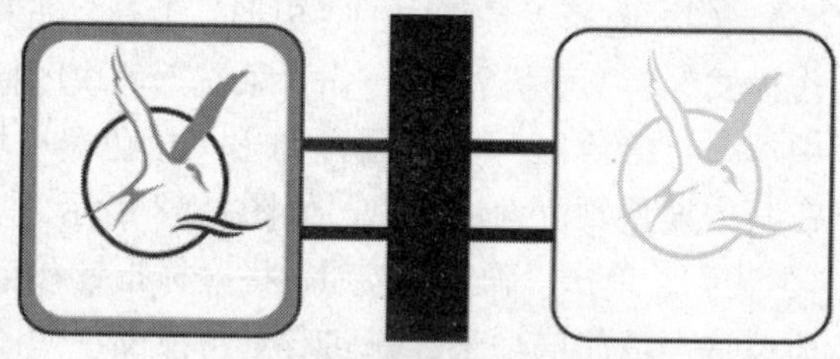

图 6-62 打开的图像文件

（1）单击“文件”|“打开”命令，打开一个图像文件（如图 6-62 所示），选择“图层”面板中的“图层 1”。

（2）选择工具箱中的“圆角矩形”工具，在其属性栏中设置“半径”为 15 像素，并在工具箱中设置“前景色”为蓝色（RGB 颜色参数值分别为 0、160、233），将鼠标指针移至图像编辑窗口中的合适位置，按住鼠标左键并向右下角拖曳，如图 6-63 所示。

（3）至合适位置后释放鼠标左键，即可绘制一个圆角矩形，如图 6-64 所示。

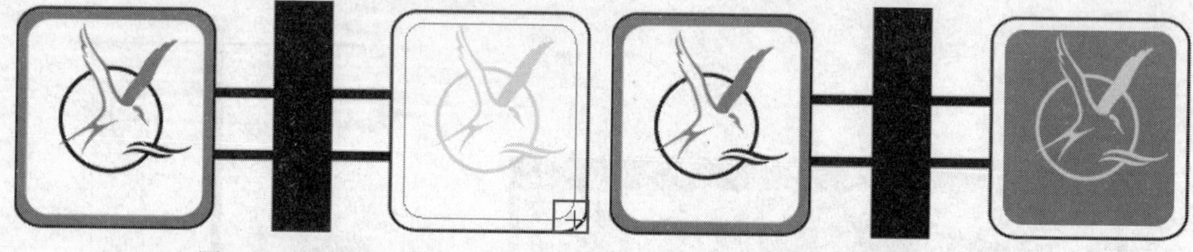

图 6-63 拖曳鼠标　　图 6-64 绘制圆角矩形

6.4.3 使用椭圆工具绘制形状

使用“椭圆”工具可以绘制椭圆或圆形，在按住【Shift】键的同时使用该工具可以绘制正圆。运用“椭圆”工具绘制形状的具体操作步骤如下：

（1）单击“文件”|“打开”命令，打开一个图像文件，选择“图层”面板中的“图层 1”，设置“前景色”为黄色（RGB 颜色参数值分别为 255、255、0），并选择工具箱中的“椭圆”工具，将鼠标指针移至图像编辑窗口中的合适位置，按住【Shift】键的同时，按住鼠标左键并向右下角拖曳，如图 6-65 所示。

（2）至合适位置后释放鼠标左键，即可绘制一个正圆，如图 6-66 所示。

图 6-65 拖曳鼠标

图 6-66 绘制正圆

6.4.4 使用多边形工具绘制形状

使用“多边形”工具可以绘制正多边形、等边三角形和星形等，运用“多边形”工具绘制形状的具体操作步骤如下：

（1）单击“文件”|“打开”命令，打开一个图像文件（如图 6-67 所示），设置“前景色”为蓝色（RGB 颜色参数值分别为 6、0、255），选择“图层”面板中的“图层 1”。

（2）选择工具箱中的“多边形”工具，在工具属性栏中设置“边”为 8，将鼠标指针移至图像的中心位置，按住鼠标左键并向右上角拖曳，如图 6-68 所示。

（3）至合适位置后释放鼠标左键，即可绘制一个多边形，如图 6-69 所示。

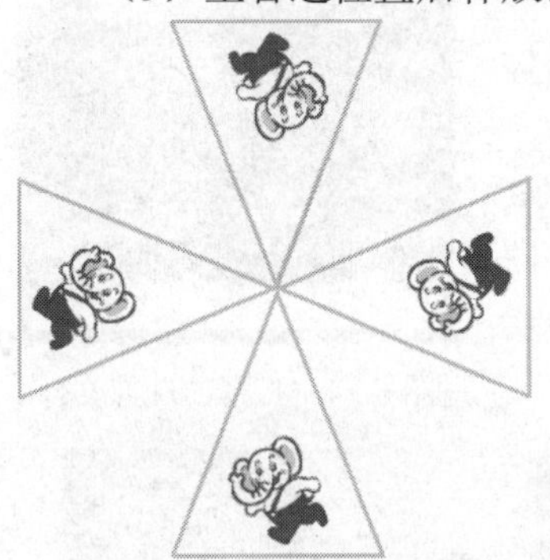
图 6-67　打开的图像文件

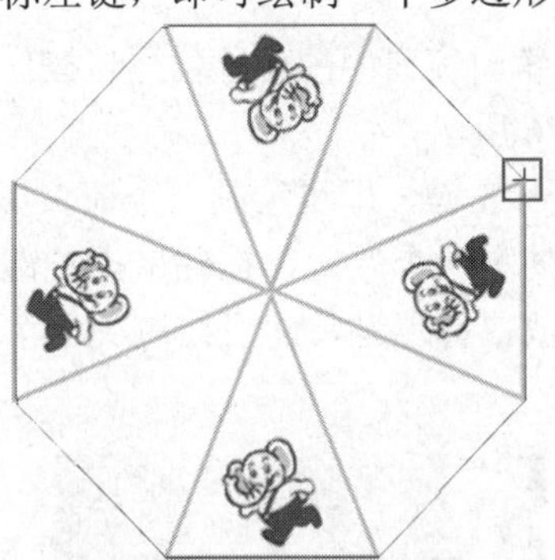
图 6-68　拖曳鼠标

图 6-69　绘制多边形

6.4.5 使用直线工具绘制形状

“直线”工具的使用方法与“矩形”工具的使用方法相同，只是“直线”工具绘制的是直线或带有箭头的线段。

（1）单击“文件”|“打开”命令，打开一个图像文件（如图 6-70 所示），选择“图层”面板中的“图层 1”，设置“前景色”为灰色（RGB 颜色参数值分别为 116、116、122）。

（2）选择工具箱中的“直线”工具，在工具属性栏中设置“粗细”为 4px，将鼠标指针移至图像编辑窗口中的合适位置，按住【Shift】键的同时向下拖曳鼠标，如图 6-71 所示。

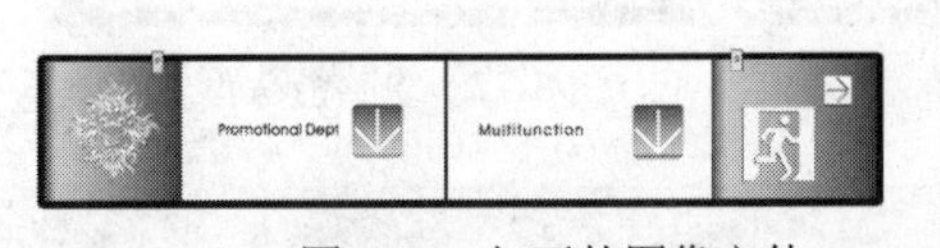

图 6-70　打开的图像文件

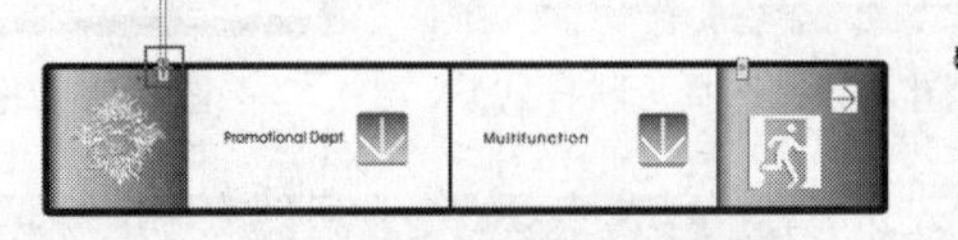

图 6-71　拖曳鼠标

（3）至合适位置后释放鼠标左键，即可绘制一条直线，如图 6-72 所示。

（4）用与上述相同的方法，绘制另外两条直线，效果如图 6-73 所示。

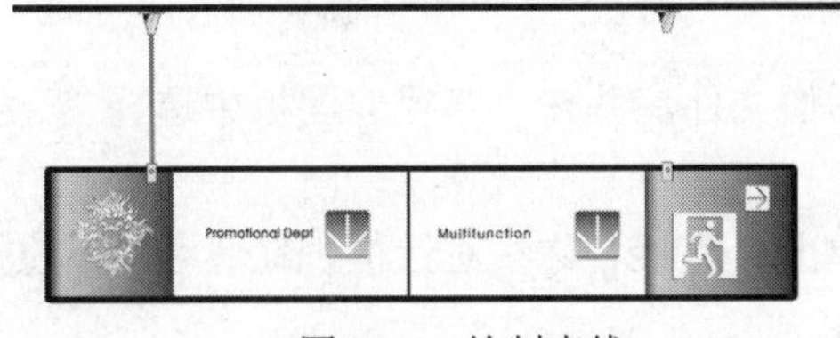

图 6-72　绘制直线

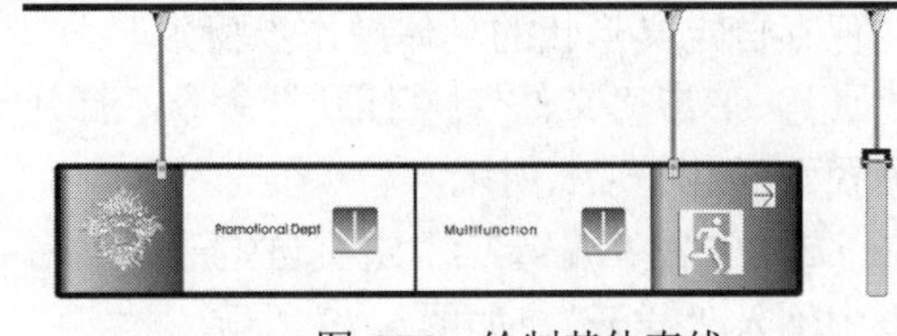

图 6-73　绘制其他直线

6.4.6 使用自定形状工具绘制形状

运用“自定形状”工具可以绘制各种预设的形状，如箭头、音乐符、闪电、电灯泡、信封和剪刀等丰富多彩的路径形状。

（1）单击“文件”|“打开”命令，打开一个图像文件，如图 6-74 所示。

（2）选择工具箱中的“自定形状”工具，在工具属性栏中单击“形状”下拉按钮，在弹出的下拉面板中选择“箭头 7”样式，如图 6-75 所示。

（3）将鼠标指针移至图像编辑窗口中的合适位置，按住鼠标左键并向右下角拖曳，如图 6-76 所示。

（4）至合适位置后释放鼠标左键，即可绘制一个箭头形状。将鼠标指针移至图像编辑窗口的另一个位置，按住鼠标左键并向右下角拖曳，至合适位置后释放鼠标左键，即可绘制另一个箭头形状，如图 6-77 所示。

图 6-74　打开的图像文件

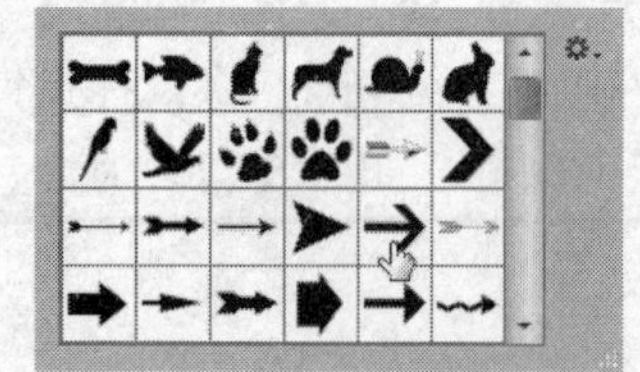
图 6-75　选择形状样式

图 6-76　拖曳鼠标

图 6-77　绘制箭头形状

6.4.7 保存自定义形状

若用户需要经常性地创建与某种路径类似的路径，可以将该路径存储为自定义形状，自定义形状会出现在“形状”下拉面板中，以后可以在其中选择存储的形状，快速创建新的形状。保存自定义形状的具体操作步骤如下：

（1）单击“文件”|“打开”命令，打开一个图像文件，并在“路径”面板中选择“工作路径”，如图 6-78 所示。

（2）单击“编辑”|“定义自定形状”命令，弹出“形状名称”对话框，在“名称”文本框中输入“祥云”，如图 6-79 所示。

（3）单击“确定”按钮，即可将该路径保存至形状下拉面板中，如图 6-80 所示。

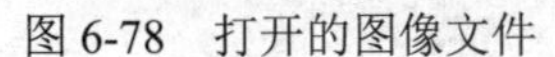
图 6-78　打开的图像文件

图 6-79　“形状名称”对话框

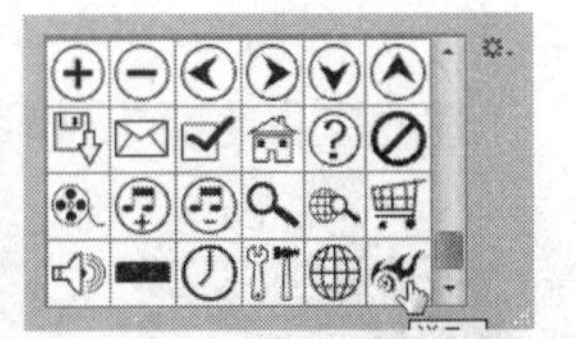
图 6-80　保存自定义形状

6.5　互换路径与选区

在 Photoshop 中，路径与选区可以相互转换，即路径可以转换为选区，选区也可以转换为路径。

6.5.1　路径转换为选区

对于某些不便用选框工具选取的区域，用户可以沿着要选取区域的轮廓建立路径，然后再将路径转换为选区，其具体操作方法如下：

（1）单击“文件”|“打开”命令，打开一个图像文件，单击“路径”面板中的“工作路径”，以显示图像编辑窗口中的路径，如图 6-81 所示。

（2）单击“路径”面板底部的“将路径作为选区载入”按钮，即可将路径转换为选区，如图 6-82 所示。

图 6-81　打开的图像文件

图 6-82　将路径转换为选区

专家指点

在图像编辑窗口中显示路径后，按【Ctrl + Enter】组合键，也可将路径转换为选区。

6.5.2　选区转换为路径

若用户想使建立的路径与创建的选区轮廓相同，则可以将选区转换为路径，其具体操作方法如下：

（1）单击“文件”|“打开”命令，打开一个图像文件，运用工具箱中的“椭圆选框”工具在图像编辑窗口中的合适位置创建一个正圆选区，如图 6-83 所示。

（2）打开“路径”面板，单击面板右上角的面板菜单按钮，在弹出的面板菜单中选择“建立工作路径”选项，弹出“建立工作路径”对话框，在“容差”文本框中输入 2。

（3）单击“确定”按钮，即可将图像编辑窗口中的选区转换为路径，如图 6-84 所示。

图 6-83　创建正圆选区

图 6-84　将选区转换为路径

6.6　路径和形状的布尔运算

在绘制路径和形状的过程中，读者除了需要掌握绘制各类路径和形状的方法外，还应该了解如何在路径和形状间进行布尔运算。下面以形状间的布尔运算为例进行介绍。

6.6.1　合并形状区域

合并形状区域是在原形状区域的基础上添加新的形状区域，其具体操作步骤如下：

（1）单击“文件”|“打开”命令，打开一幅素材图像，如图 6-85 所示。

（2）选择工具箱中的椭圆工具，设置前景色为白色，然后将鼠标指针移至图像编辑窗口中的合适位置，按住【Shift】键的同时向右下角拖曳鼠标，至合适位置后释放鼠标左键，即可在图像上绘制一个正圆图形，如图 6-86 所示。

图 6-85　打开的素材图像

图 6-86　绘制正圆图形

（3）此时，在“图层”面板中将自动新建“椭圆 1”图层，如图 6-87 所示。

（4）单击工具属性栏中的“路径操作”下拉按钮，在弹出的下拉菜单中选择“合并形状”选项，然后将鼠标指针移至先前绘制的正圆右下角，再次绘制一个正圆，即可将绘制的正圆合并到当前形状区域，将图像编辑窗口中的工作路径隐藏，效果如图 6-88 所示。

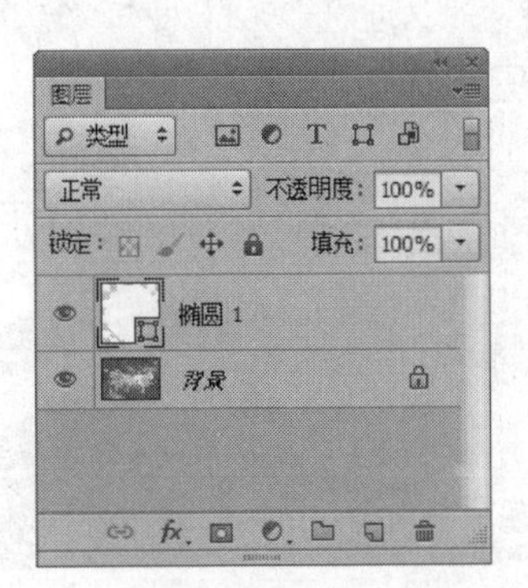

图 6-87　创建新图层

图 6-88　合并形状区域

6.6.2　减去形状区域

减去形状区域是在原形状区域的基础上减去与新的形状区域重叠的部分，其具体操作方法如下：

（1）单击“文件”|“打开”命令，打开一幅素材图像；选取工具箱中的椭圆工具，在图像编辑窗口中绘制一个白色的正圆图形，如图 6-89 所示。

（2）单击工具属性栏中的“路径操作”下拉按钮，在弹出的下拉菜单中选择“减去顶层形状”选项，然后将鼠标指针移至正圆图形的右侧，并再次绘制一个正圆图形，即可从当前形状区域减去两个区域的重叠部分，效果如图 6-90 所示。

图 6-89　绘制正圆

图 6-90　减去形状区域

6.6.3　相交形状区域

相交形状区域是将新形状区域与原形状区域的交叉部分作为新的形状区域，其具体操作步骤如下：

（1）单击“文件”|“打开”命令，打开一幅素材图像；设置前景色为白色，运用工具

箱中的自定形状工具，在图像编辑窗口中的右下角绘制一个预设形状，如图 6-91 所示。

（2）单击工具属性栏中的“路径操作”下拉按钮，在弹出的下拉菜单中选择“与形状区域相交”选项，然后将鼠标指针移至图像编辑窗口中的合适位置，再次绘制一个预设形状，此时在图像编辑窗口中只会显示两个形状的相交区域，如图 6-92 所示。

图 6-91　绘制预设形状

图 6-92　相交形状区域

6.6.4　排除重叠形状

与相交形状区域相反，排除重叠形状生成的新形状区域为新形状区域和原有形状区域的非重叠部分。排除重叠形状的具体操作方法如下：

（1）单击“文件”|“打开”命令，打开一幅素材图像；设置前景色为白色，运用工具箱中的自定形状工具，在图像编辑窗口中的合适位置绘制一个高音谱号，如图 6-93 所示。

（2）单击工具属性栏中的“路径操作”下拉按钮，在弹出的下拉菜单中选择“排除重叠形状”选项，然后将鼠标指针移至绘制的高音谱号的下方，按住鼠标左键并向右下角拖曳，至合适位置后释放鼠标，即可将两个高音谱号图形的重叠部分删除，用与上述相同的方法绘制其他音符，效果如图 6-94 所示。

图 6-93　绘制高音谱号

图 6-94　重叠形状区域除外

6.7　课后习题

一、填空题

1．Photoshop提供了多种用于绘制形状的工具，包括“矩形”工具、_________、“椭圆”工具、_________、“直线”工具以及_________等。

2．Photoshop 提供了两种用于绘制路径的工具，包括“钢笔”工具和_________，另外形状工具组中的直线工具也属于路径绘制工具。

3．在图像编辑窗口中显示路径后，按_________组合键，也可将路径转换为选区。

二、简答题

1．简述添加和删除锚点的方法。

2．简述填充和描边路径的方法。

3．如何使用各种形状工具绘制形状？

三、上机操作

1．使用形状工具，绘制如图6-95所示的图像效果。

关键提示：选取工箱中的自定形状工具，在“形状”下拉面板中选择合适的形状，然后使用“样式”面板为绘制的图像添加图层样式。

2．使用钢笔工具，绘制如图6-96所示的图像效果。

图6-95　绘制的图像效果

图6-96　绘制的图像效果

关键提示：

（1）选取工具箱中的椭圆工具，在按住【Shift】键的同时绘制一个正圆图形，然后再分别绘制几个椭圆图形，选取工具箱中的钢笔工具，绘制如图6-97所示的形状。

（2）在“路径”控制面板中单击面板底部的“用画笔描边路径”按钮，然后选取工具箱中的填充工具将图像填充黄色，此时图像如图6-98所示。

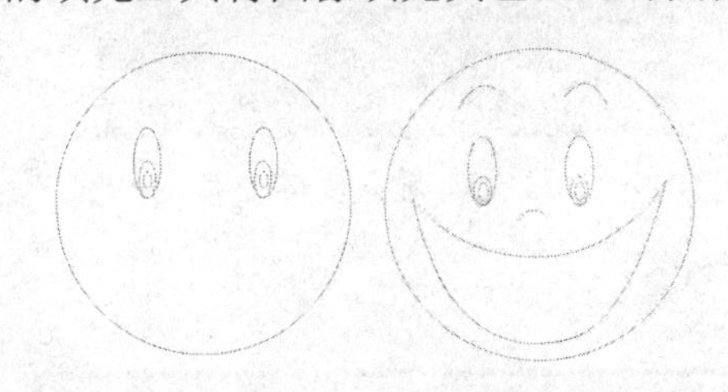

图6-97　绘制图形

图6-98　填充形状

第 7 章　文字的应用

在平面设计中，文字一直是画面重要的组成元素，好的文字布局和设计经常会起到画龙点睛的作用。对于商业平面作品而言，文字更是不可或缺的内容，只有通过文字的点缀和说明，才能清晰、完整地表达作品的含义。

7.1　输入文字

Photoshop 具有强大的文字处理功能，配合图层、通道与滤镜等功能，用户可以很方便地制作出精美的艺术字效果。Photoshop 提供了 4 种用于输入文字的工具（如图 7-1 所示），使用不同的工具可以相应的输入横排、直排的文字实体或文字选区。

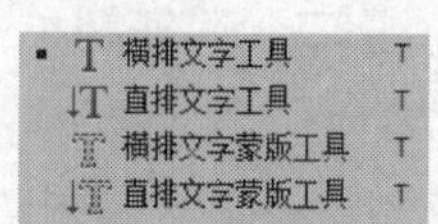

图 7-1　文字工具

7.1.1　输入横排文字

横排文字是文本排列方式中最常用的一种方式，运用工具箱中的横排文字工具，可以在图像编辑窗口中输入水平排列的文字，且自动在“图层”面板中创建一个文字图层。

（1）按【Ctrl+O】组合键，打开一幅素材图像，选择工具箱中的横排文字工具，将鼠标指针移至图像编辑窗口中的合适位置，单击鼠标左键，确定文字的插入点，此时显示一个闪烁的光标，如图 7-2 所示。

（2）在工具属性栏中设置“字体”为“黑体”、“字体大小”为 55 点、“颜色”为白色，选择一种合适的输入法，输入文字“新鲜营养，天天平价”，单击工具属性栏右侧的“提交所有当前编辑”按钮，即可完成横排文字的输入，如图 7-3 所示。

图 7-2　闪烁的光标

图 7-3　输入横排文字

专家指点

选择合适的输入法并完成文字的输入后，直接按【Ctrl + Enter】组合键，也可以提交完成当前文本的输入。

7.1.2 输入直排文字

输入直排文字与输入横排文字的操作方法相同，只是输入文字的排列方向不同而已。

（1）按【Ctrl+O】组合键，打开一幅素材图像，选择工具箱中的直排文字工具，将鼠标指针移至图像编辑窗口中的合适位置，单击鼠标左键，确定文字的插入点，如图 7-4 所示。

（2）在工具属性栏中设置“字体”为“黑体”、“字体大小”为 90 点、“颜色”为黑色，输入文字“主页”，单击工具属性栏右侧的“提交所有当前编辑”按钮，即完成了直排文字的输入，如图 7-5 所示。

图 7-4 确定文字插入点

图 7-5 输入直排文字

7.1.3 输入点文字

点文字是指使用文字工具在图像中单击，确定插入点，然后输入文字，其操作方法与输入横排文字的方法相同。

（1）按【Ctrl+O】组合键，打开一幅素材图像，选择工具箱中的横排文字工具，将鼠标指针移至图像编辑窗口中的合适位置，单击鼠标左键，确定文字的插入点，此时显示一个闪烁的光标，如图 7-6 所示。

（2）在工具属性栏中设置“字体”为“黑体”、“字体大小”为 90 点、“颜色”为黑色，选择一种合适的输入法，输入文字“论坛”，并按【Ctrl+Enter】组合键进行确认，即可完成点文字的输入，如图 7-7 所示。

图 7-6 闪烁的光标

图 7-7 输入点文字

7.1.4 输入段落文字

段落文字是以段落文本框来确定文字位置与换行情况的文字，若用户调整段落文本框，文本框中的文字会根据文本框的位置自动调整。

（1）按【Ctrl+O】组合键，打开一幅素材图像，选取工具箱中的“横排文字”工具，将鼠标指针移至图像编辑窗口的合适位置，按住鼠标左键并向右下角拖曳，如图 7-8 所示。

（2）至合适位置后释放鼠标左键，即可创建一个文本框，如图 7-9 所示。

（3）在工具属性栏中设置“字体”为“黑体”、“字体大小”为 30 点、“颜色”为白色，在文本框中输入文字“情人节，祝天下所有有情人终成眷属”，并单击工具属性栏中的“提交所有当前编辑”按钮，即可完成段落文字的输入，如图 7-10 所示。

图 7-8　拖曳鼠标

图 7-9　创建文本框

图 7-10　输入段落文字

7.1.5 输入选区文字

运用工具箱中的“横排文字蒙版”工具和“直排文字蒙版”工具，可以在图像编辑窗口中创建文字选区。

（1）按【Ctrl+O】组合键，打开一幅素材图像。选择工具箱中的“直排文字蒙版”工具，在工具属性栏中设置“字体”为“黑体”、“字体大小”为 30 点，将鼠标指针移至图像编辑窗口中的合适位置，单击鼠标左键，确定选区文字的输入点，如图 7-11 所示。

（2）选择一种输入法，输入文字“女战士”，如图 7-12 所示。

图 7-11　确定文字输入点

图 7-12　输入文字

（3）单击工具属性栏中的“提交所有当前编辑”按钮，即可创建文字选区，如图 7-13 所示。

（4）按【Ctrl+Delete】组合键，为文字选区填充背景色，效果如图 7-14 所示。

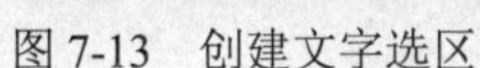

图 7-13　创建文字选区　　　　图 7-14　填充文字选区

7.2　设置文字的属性

在使用横排文字工具和直排文字工具输入文字时，可以在工具属性栏中设置相应的文字属性，也可以使用“字符”面板和“段落”面板来设置文本属性。

7.2.1　使用工具属性栏设置文字属性

使用文字工具组中的工具创建的文字效果虽然各不相同，但属性栏中的功能选项基本一致，如图 7-15 所示。

图 7-15　文字工具属性栏

运用工具属性栏设置文字属性的具体操作步骤如下：

（1）单击“文件”|“打开”命令，打开一幅素材图像，并选中如图 7-16 所示。

（2）选取工具箱中的横排文字工具，在工具属性栏的“设置字体系列”下拉列表框中，选择“华文行楷”选项，即可更改文字的字体类型，效果如图 7-17 所示。

图 7-16　素材图像　　　　图 7-17　更改字体类型

（3）在工具属性栏的“设置字体大小”下拉列表框中选择“30 点”选项，单击“设置文本颜色”按钮，弹出“拾色器”对话框，设置“颜色”为白色（RGB 参数值均为 255），即可更改文字的大小与颜色，效果如图 7-18 所示。

（4）在工具属性栏中单击“切换文本方向”按钮，即可更改文字的排列方向，使用选择工具调整段落文字的位置和大小，此时图像编辑窗口中的图像效果如图 7-19 所示。

图 7-18　更改文字大小与颜色

图 7-19　更改文字排列方向

7.2.2　使用“字符”面板设置文字属性

单击文字工具组对应属性栏中的“切换字符和段落面板”按钮，或单击“窗口”|“字符”命令，即可弹出“字符”面板，如图 7-20 所示。

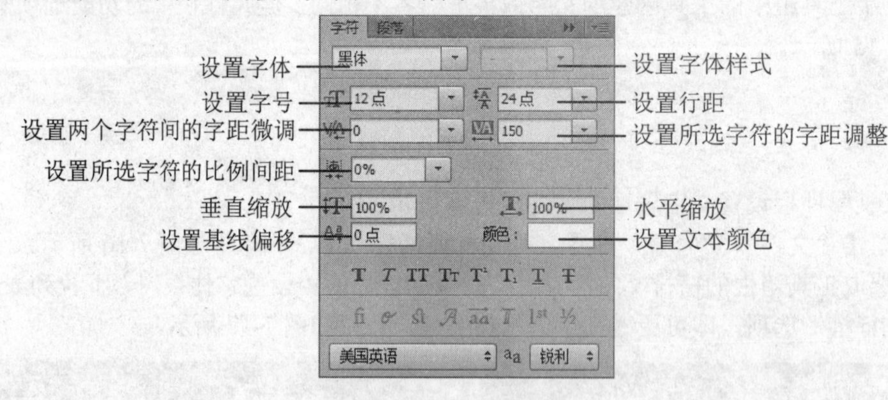

图 7-20　“字符”面板

该面板中各主要选项的含义如下：

✿ “设置行距”下拉列表框：在该下拉列表框中可以直接输入数值或选择一个数值设置行距，数值越大行间距就越大，如图 7-21 所示。

✿ “设置两个字符间的字距微调”下拉列表框：用于微调两个字符的间距。在输入文本状态时将光标置于两个字符之间（在两个字符之间单击），在该下拉列表框中选择或者直接输入一个数值，即可微调这两个字符之间间距，其取值范围为-100～100。

✿ “设置所选字符的字距调整”下拉列表框：用于设置所选字符的间距，数值越大，字符间距越大，如图 7-22 所示。

✿ “设置所选字符的比例间距”下拉列表框：在该下拉列表框中设置文字

的宽度缩放比例，其取范围为 0%～100%，数值越大，字符的间距越小。

图 7-21　设置不同行距的文字效果

图 7-22　文字设置不同间距的效果

- “垂直缩放”数值框 100%：用于设置所选文字的垂直缩放比例，如图 7-23 所示。
- “水平缩放”数值框 100%：用于设置所选文字的水平缩放比例。

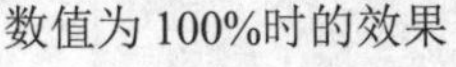

数值为 100%时的效果　　　　数值为 150%时的效果

图 7-23　设置不同垂直缩放比例的文字效果

- “设置基线偏移”数值框 0点：该选项用于设置所选字符与其基线的距离。在数值框中输入正值可以使文字向上移动，输入负值可以使文字向下移动。
- “颜色”色块 颜色：单击该色块，弹出“拾色器（文本颜色）”对话框，在其中设置需要的颜色，单击“确定”按钮即可。
- “仿粗体”按钮 T：单击该按钮，可以将当前的文字呈加粗显示。
- “仿斜体”按钮 T：单击该按钮，可以将当前的文字呈倾斜显示。
- “全部大写字母”按钮 TT：单击该按钮，可以将当前的小写字母转换为大写字母。

- "小型大写字母"按钮：单击该按钮，可以将当前的字母转换为小型大写字母。
- "上标"按钮：单击该按钮，可以将当前的文字转换为上标。
- "下标"按钮：单击该按钮，可以将当前的文字转换为下标。
- "下划线"按钮：单击该按钮，可以在当前文字的下方添加下划线。
- "删除线"按钮：单击该按钮，可以在当前文字上添加删除线。

7.2.3 使用"段落"面板设置文字属性

使用"段落"面板可以改变或重新定义文字的排列方式、段落缩进及段落间距等。用户可以选择段落，然后使用"段落"面板为文字图层中的单个段落、多个段落或全部段落设置格式。单击"窗口"|"段落"命令，弹出"段落"面板，如图 7-24 所示。

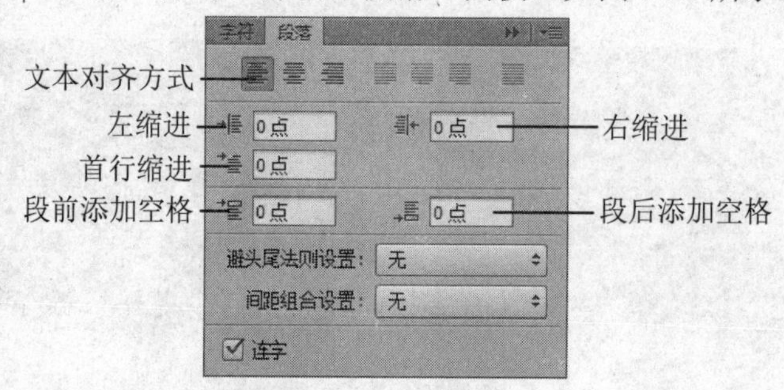

图 7-24 "段落"面板

该调板中各主要选项的含义如下：

- "文本对齐方式"按钮：文本对齐方式从左到右分别为左对齐文本、居中对齐文本、右对齐文本、最后一行左对齐、最后一行居中对齐、最后一行右对齐和全部对齐。
- "左缩进"数值框 0点：对于直排文字，该选项控制从段落顶端的缩进。设置段落的左缩进，效果如图 7-25 所示。

图 7-25 原文本与文本设置左缩进后的效果

- "右缩进"数值框 0点：设置段落的右缩进。对于直排文字，该选项控制段落底部的缩进。
- "首行缩进"数值框 0点：缩进段落中的首行文字。对于横排文字，首行缩进与左缩进有关；对于直排文字，首行缩进与顶端缩进有关。要创建首行悬挂缩进，必须输入一个负值。

✿ “段前添加空格”数值框 0 点：设置段落与上一行的距离，或全选文字的每一段的距离，如图 7-26 所示。

图 7-26　原文本与文本设置段前添加空格后的效果

✿ “段后添加空格”数值框 0 点：设置每段文本后的一段距离。

7.3　掌握编辑文字的技巧

用户完成文字的输入后，若对文字的效果不满意，还可以继续对其进行编辑，以满足设计的需要。下面介绍一些常用的编辑文字的方法和技巧。

7.3.1　选择和移动文字

在 Photoshop 的图像编辑窗口中输入文字后，用户可根据需要对其进行选择和移动操作，其具体操作步骤如下：

（1）按【Ctrl+O】组合键，打开一个图像文件，选择工具箱中的横排文字工具，将鼠标指针移至需要选择的文字左侧，如图 7-27 所示。

（2）按住鼠标左键并向右拖曳，即可选择文字对象，如图 7-28 所示。

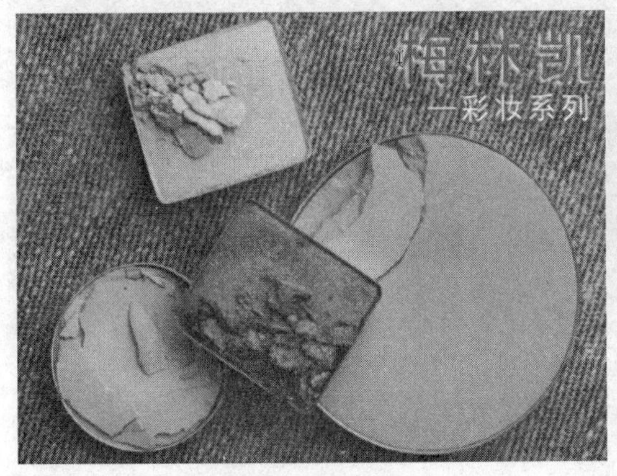

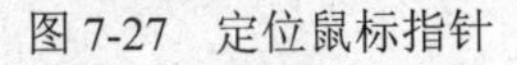
图 7-27　定位鼠标指针

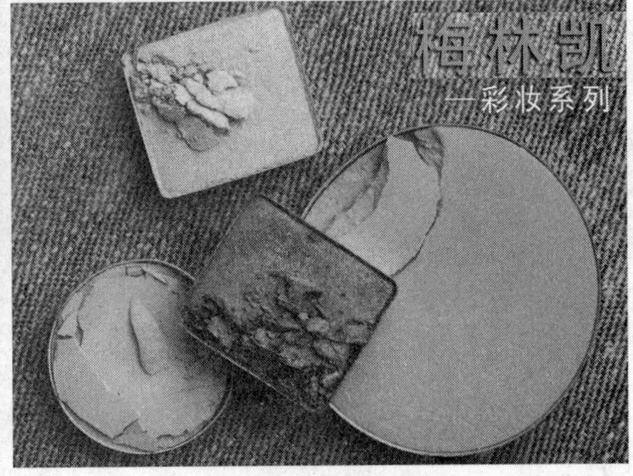

图 7-28　选择文字

（3）在“图层”面板中选择“—彩妆系列”图层，选择工具箱中的移动工具，将鼠标指针移至“—彩妆系列”文字上，如图 7-29 所示。

（4）按住鼠标左键并向左上角拖曳，至合适位置后释放鼠标左键，即可移动文字，如图 7-30 所示。

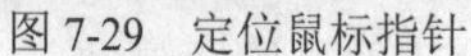

图 7-29 定位鼠标指针

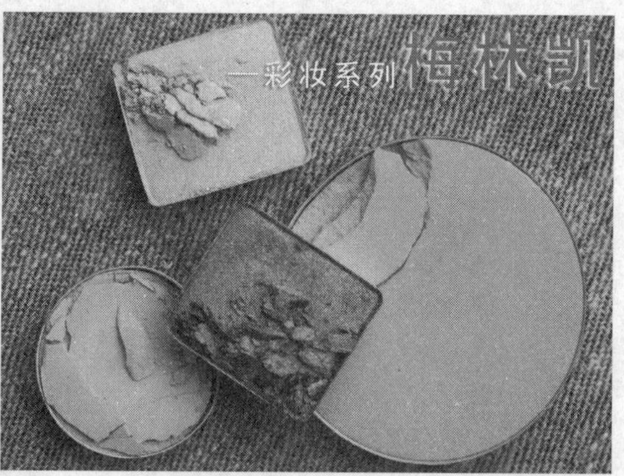

图 7-30 移动文字

专家指点

在“图层”面板中选择需要移动的文字所在的图层后，按【↑】、【↓】、【←】或【→】方向键，也可移动图像编辑窗口中的文字对象。

7.3.2 转换点文字和段落文字

点文字与段落文字之间可以进行相互转换，其具体操作方法如下：

（1）按【Ctrl+O】组合键，打开一个图像文件，如图 7-31 所示。

（2）运用工具箱中的横排文字工具选择图像编辑窗口中的段落文字，文字对象的四周显示 8 个控制柄，如图 7-32 所示。

图 7-31 打开的图像文件

图 7-32 选择文字

（3）单击“提交所有当前编辑”按钮，再单击“文字”|“转换为点文本”命令，如图 7-33 所示。

（4）即可将所选的段落文字转换为点文字，若再次选择图像编辑窗口中的文字对象，将不再显示控制框，效果如图 7-34 所示。

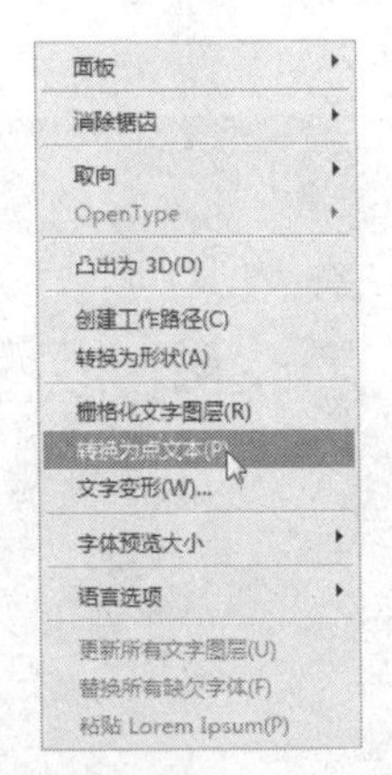

图 7-33　单击“转换为点文本”命令

图 7-34　点文字效果

专家指点

在“图层”面板中选择需要进行转换的点文字或段落文字所在的图层，在图层缩略图右边的蓝色区域单击鼠标右键，在弹出的快捷菜单中选择“转换为点文本”或“转换为段落文本”选项，也可转换点文字和段落文字。

7.3.3　查找与替换文字

若需要更改图像编辑窗口中的某个文字对象，可以使用查找与替换功能。查找与替换文字的具体操作步骤如下：

（1）按【Ctrl+O】组合键，打开一个图像文件，如图 7-35 所示。

（2）在“图层”面板中选择英文文本所在的图层，单击“编辑”|“查找和替换文本”命令，弹出“查找和替换文本”对话框，在其中进行相应设置，如图 7-36 所示。

专家指点

将鼠标指针移至“图层”面板中需要选择的文字所在图层的缩略图上，双击鼠标左键，即可选择该文字对象。

图 7-35　打开的图像文件

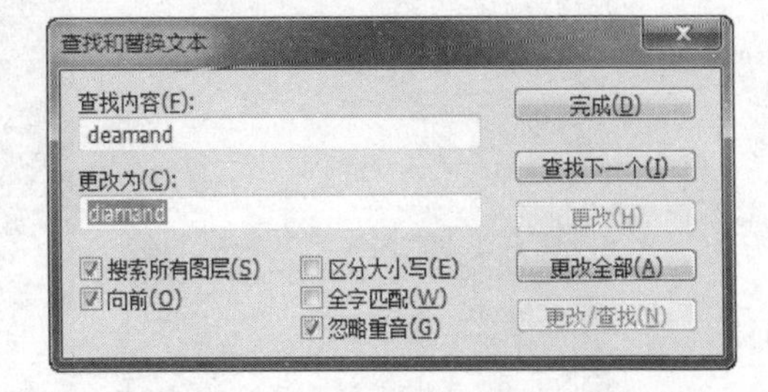

图 7-36　“查找和替换文本”对话框

（3）单击“查找下一个”按钮，即可在图像编辑窗口中查找到单词 deamand，如图 7-37 所示。

（4）单击“更改”按钮，即可将查找到的文字进行替换，如图 7-38 所示。

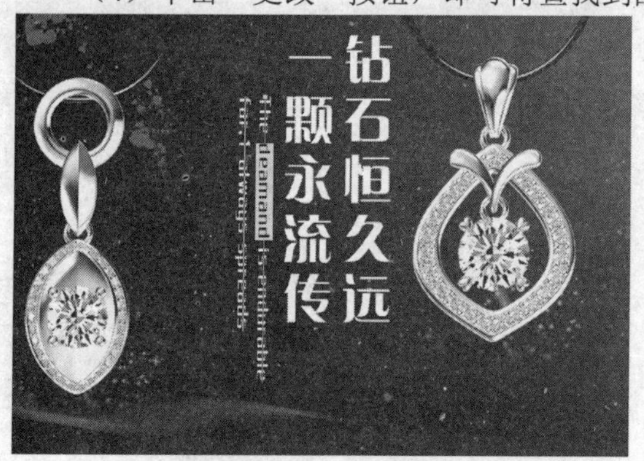

图 7-37　查找文字

图 7-38　替换文字

7.3.4 检查文字拼写

若在图像编辑窗口中输入了大量的文字，为了确保输入文字的正确性，用户可以通过“拼写检查”命令对文字进行检查操作。

（1）按【Ctrl+O】组合键，打开一个图像文件，如图 7-39 所示。

（2）在“图层”面板中选择英文文本所在的图层，单击“编辑”|“拼写检查”命令，弹出“拼写检查”对话框，在其中进行相应设置，如图 7-40 所示。

图 7-39　打开的图像文件

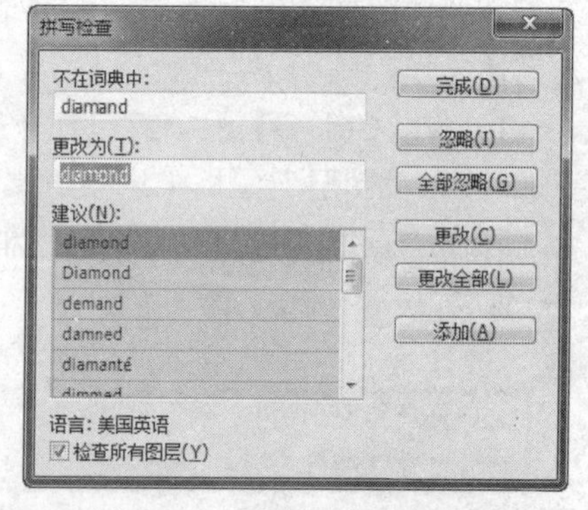

图 7-40　“拼写检查”对话框

（3）单击“更改”按钮，在弹出的提示信息框中单击“确定”按钮，即可完成拼写检查，将英文文本 diamand 更改为 diamond，如图 7-41 所示。

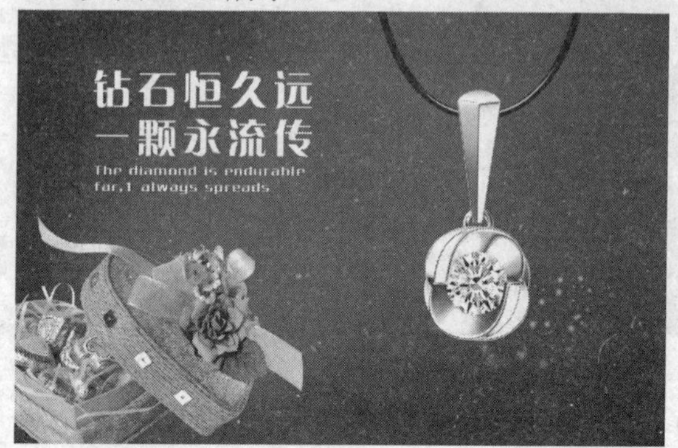

图 7-41　“拼写检查”效果

7.4 掌握转换文字技巧

在 Photoshop 中，可以将文字转换成路径、形状和图像三种状态，进行文字转换后，可以对文字进行更为丰富的编辑，从而得到艺术化的文字效果。

7.4.1 将文字转换为路径

将文字转换为路径后，原文字图层不会发生任何改变，只是依据文字的轮廓生成一条工作路径。将文字转换为路径的具体操作步骤如下：

（1）按【Ctrl+O】组合键，打开一个图像文件，如图 7-42 所示。

（2）在“图层”面板中选择需要转换为路径的文字所在的图层，单击鼠标右键，在弹出的快捷菜单中选择“创建工作路径”选项，即可在图像编辑窗口中创建文字路径，如图 7-43 所示。

图 7-42 打开的图像文件

图 7-43 创建文字路径

专家指点

将文字转换为路径后，在“路径”面板中将自动生成一条名为“工作路径”的路径，同时会在图像编辑窗口中显示所转换的路径，用户可以运用工具箱中的相应工具对路径的外观进行调整。

7.4.2 将文字转换为形状

将文字转换为形状后，原文字图层已经不存在，取而代之的是一个形状图层。用户可运用“钢笔”工具、“添加锚点”工具及“删除锚点”工具等路径编辑工具对其进行调整，但无法再为其设置文字属性。将文字转换为形状的具体操作步骤如下：

（1）按【Ctrl+O】组合键，打开一个图像文件，如图 7-44 所示。

（2）在“图层”面板中选择需要转换成形状的文字所在的图层，单击“文字”|“转换为形状”命令，“图层”面板中的文字图层将自动转换为形状图层。

（3）此时在图像编辑窗口中将显示形状的轮廓，即完成了将文字转换成形状的操作，如图 7-45 所示。

图 7-44　打开的图像文件

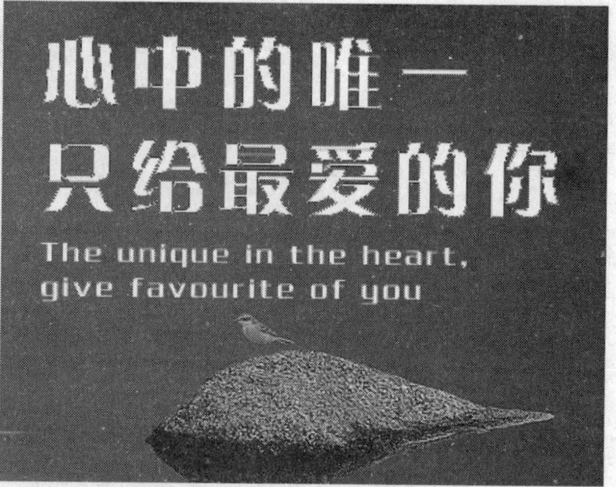

图 7-45　将文字转换为形状

7.4.3 将文字转换为图像

将文字转换为图像，即将文字转换为普通图像。文字转换为图像后，用户无法再继续设置文本的字符及段落属性，但可以对其使用滤镜命令、图像调整命令或叠加更丰富的颜色及图案等。

（1）按【Ctrl+O】组合键，打开一个图像文件，如图 7-46 所示。

（2）在“图层”面板中选择需要转换为图像的文字所在的图层，单击“图层”|“栅格化”|“文字”命令，即可将文字转换为图像，“图层”面板中的文字图层转换为普通图层，如图 7-47 所示。

图 7-46　打开的图像文件

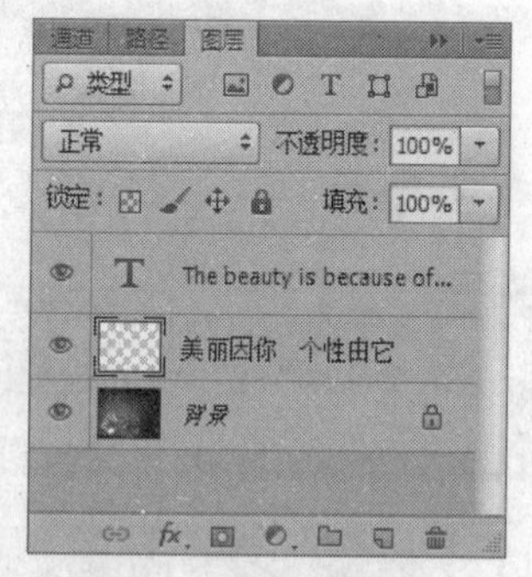

图 7-47　将文字转换为图像

7.4.4 将文字转换为智能对象

智能对象是包含栅格或矢量图像数据的图层。智能对象将保留源图像的内容及所有原始特征，从而让用户能够对图层进行非破坏性编辑。将文字转换为智能对象的具体操作步骤如下：

（1）按【Ctrl+O】组合键，打开一个图像文件，如图 7-48 所示。

（2）在“图层”面板中选择需要转换为智能对象的文字所在的图层，单击面板右上角的面板菜单按钮，在弹出的面板菜单中选择“转换为智能对象”选项，如图 7-49 所示。

（3）操作完成后，即可将当前文字转换为智能对象，当前文字图层缩略图的右下角将显示一个智能图标，如图7-50所示。

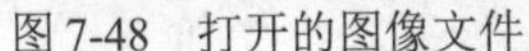

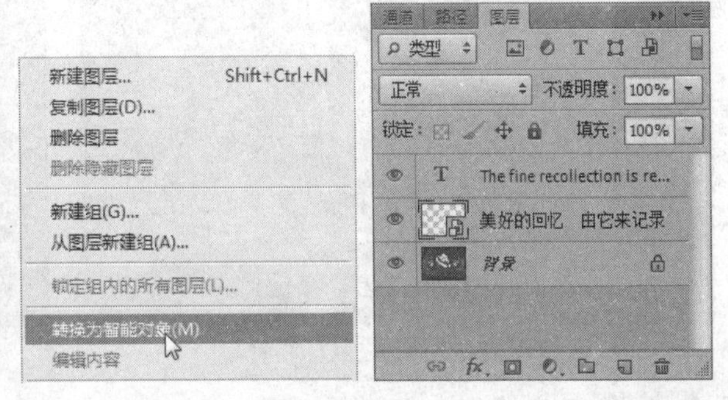

图7-48　打开的图像文件　　图7-49　选择相应选项　图7-50　将文字转换为智能对象

7.5 制作文字特效

在一些广告、海报和宣传单上经常会看到一些特殊排列的文字，既新颖又能获得很好的视觉效果，其实这些效果在Photoshop中很容易实现。

7.5.1 制作区域文本效果

运用封闭路径可以制作具有异形轮廓的文本块效果，这是Photoshop提供的另一种文本编排方法。制作区域文本效果的具体操作步骤如下：

（1）按【Ctrl+O】组合键，打开一个图像文件，如图7-51所示。

（2）在“图层”面板中新建“图层1”，运用钢笔工具在图像编辑窗口中的合适位置创建一条闭合的路径，如图7-52所示。

图7-51　打开的图像文件

图7-52　创建闭合路径

（3）选择工具箱中的横排文字工具，在工具属性栏中设置“字体”为“方正粗倩简体”、“字体大小”为10点、“颜色”为白色，并在“字符”面板中设置“行距”为12点，将鼠标指针移至创建的闭合路径内，如图7-53所示。

（4）单击鼠标左键，此时光标呈闪烁状态，选择一种输入法，输入需要的文字对象，然后单击工具属性栏中的“提交所有当前编辑”按钮，即可完成区域文字效果的制作，效果如图7-54所示。

图 7-53　定位鼠标指针

图 7-54　区域文字效果

专家指点

对于创建的区域文本效果，同样可以通过各种方法修改文本的各种属性，如字体、字体大小、水平或垂直排列方式等。除此之外，还可以通过修改路径的曲率、角度、锚点的位置等来修改被纳入到路径中的文本的轮廓形状。

7.5.2 制作路径文本效果

在进行图像和版面设计中，使用路径绕排文本可以制作出丰富的文本排列效果，使文本的排列形式不再是单调的水平或垂直形式。

创建路径文本

路径文本效果是沿绘制的路径进行文本的排列。创建路径文本的具体操作步骤如下：

（1）按【Ctrl+O】组合键打开一幅素材图像，运用“钢笔”工具在图像编辑窗口中的合适位置创建一条曲线路径，选择工具箱中的“横排文字”工具，在工具属性栏中设置“字体”为“方正粗倩简体”、“字体大小”为 28 点，将鼠标指针移至创建的路径的边缘处，如图 7-55 所示。

（2）单击鼠标左键，路径上显示一个闪烁的光标，选择合适的输入法，输入需要的文本对象，如图 7-56 所示。

（3）单击工具属性栏中的“提交所有当前编辑”按钮，并在“图层”面板的其他图层上单击鼠标左键，隐藏图像编辑窗口中的路径，效果如图 7-57 所示。

图 7-55　定位鼠标指针

图 7-56　输入文字

图 7-57　确认输入的文字

修改路径文本形状

在“图层”面板中选择具有绕排效果的文字图层时，可以显示该文本绕排的路径线，通过修改这条路径的形状可以改变绕排于路径线上的文本形状。

（1）打开需要修改路径文本形状的图像文件，在“图层”面板中选择路径文本所在的图层，如图 7-58 所示。

（2）选择工具箱中的直接选择工具，将鼠标指针移至路径文本的边缘处，单击鼠标左键选择路径，并选择路径最右侧的锚点，如图 7-59 所示。

（3）按住鼠标左键并向右下角拖曳，至合适位置后释放鼠标左键，调整路径上锚点的位置，如图 7-60 所示。

（4）用与上述相同的方法，调整路径上其他锚点的位置，并在“图层”面板中隐藏当前路径，即可完成路径文本形状的修改，如图 7-61 所示。

图 7-58　选择路径文本图层

图 7-59　选择锚点

图 7-60　调整锚点位置

图 7-61　修改路径文本形状

7.5.3　制作变形文字效果

运用 Photoshop 提供的变形文字功能可以制作出更加丰富的变形文字特效，其具体操作方法如下：

（1）按【Ctrl+O】组合键，打开一个图像文件，如图 7-62 所示。

（2）在“图层”面板中选择文字图层，然后单击“文字”|“文字变形”命令，如图 7-63 所示。

图 7-62　打开的图像文件

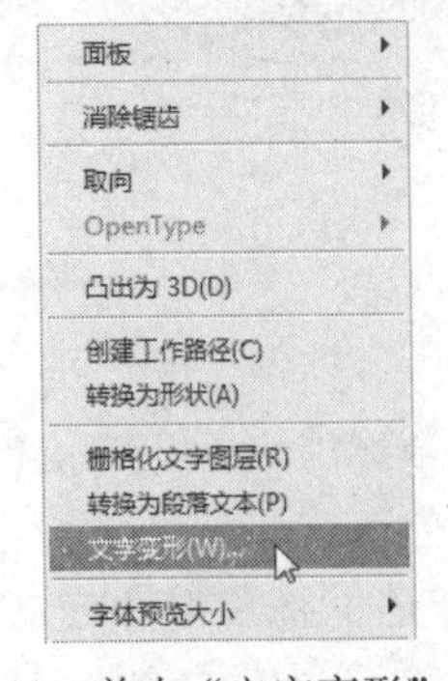

图 7-63　单击“文字变形”命令

（3）弹出“变形文字”对话框，在“样式”下拉列表框中选择“花冠”选项，如图 7-64 所示。

（4）单击“确定”按钮，即可变形扭曲文字对象，如图 7-65 所示。

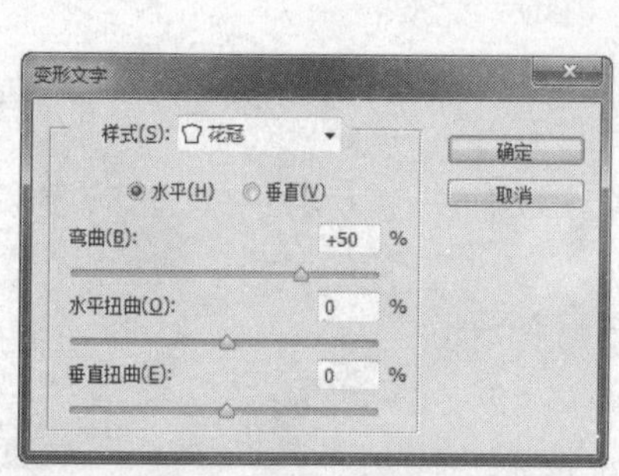

图 7-64 “变形文字”对话框

图 7-65 变形扭曲文字效果

在“图层”面板的当前文字图层上单击鼠标右键，在弹出的快捷菜单中选择“文字变形”选项，或者单击工具属性栏中的“创建文字变形”按钮，也可以弹出“变形文字”对话框。该对话框中各主要选项的含义如下：

✿ 样式：该下拉列表框中提供了 15 种不同的文字变形效果，其中部分变形文字的效果如图 7-66 所示。

图 7-66 部分变形文字的效果

✿ 水平/垂直：选中“水平”单选按钮，可以使文字在水平方向上发生变形；选中“垂直”单选按钮，可以使文字在垂直方向上发生变形。

✿ 弯曲：拖曳滑块或在数值框中输入数值，可确定文字弯曲的程度，其取值范围为-100～100 之间的整数。

✿ 水平扭曲：拖曳滑块或在数值框中输入数值，可确定文字水平扭曲的程度，其取值范围为-100～100 之间的整数。

✿ 垂直扭曲：拖曳滑块或在数值框中输入数值，可确定文字垂直扭曲的程度，其取值范围为-100～100 之间的整数。

7.6　课后习题

一、填空题

1．选择输入法并完成文字的输入后，按_________组合键，也可提交当前输入的文本。

2．选择需要转换文字方向的直排文字对象后，单击“_________”|“取向”|“水平”命令，也可将当前选择的直排文字转换为横排文字。

3．单击“窗口”|“段落”命令，也可以打开“段落”面板，在该面板中，用户可以改变或重新定义文字的_________、段落缩进及_________等。

二、简答题

1．简述选择与移动文字的方法。

2．如何将文字转换为路径与形状？

3．简述创建路径文字的输入方法以及怎样调整路径文字。

三、上机操作

1．运用“文字变形”命令变形扭曲文字对象，如图 7-67 所示。

图 7-67　变形扭曲文字

2．运用横排文字蒙版工具制作如图 7-68 所示的电话卡文字效果。

图 7-68　电话卡文字效果

关键提示：

（1）选取横排文字蒙版工具，设置好文字的属性，输入文字“福”并确认，创建文字选区并填充渐变色。

（2）单击“图层”|“图层样式”|“描边”命令，弹出“描边”对话框，设置“大小”为 4 像素、“位置”为“居中”、“颜色”为棕色（RGB 参数值分别为 117、72、0），单击“确定”按钮，添加描边样式。

（3）载入文字选区并变换选区，填充渐变色并取消选区。

3．使用文字工具结合图片制作文字样式效果，如图 7-69 所示。

图 7-69　文字样式效果

关键提示：使用横排文字工具输入文字，然后对文字应用不同的图层样式。

第8章　通道与蒙版的应用

通道是选区的一个载体，它将选区转换成可见的黑白图像，从而更便于用户对其进行编辑。蒙版可以理解为望远镜的镜筒，它像镜筒一样屏蔽图像的一部分，使观察者仅观察到出现在镜筒中的部分。使用蒙版有助于用户快速、方便地进行图像的合成。

8.1　认识“通道”面板

通道的主要功能是保存颜色数据，同时也可以用来保存和编辑选区。由于通道功能强大，因而在制作图像特效方面应用广泛，但同时也最难理解和掌握。

通道实际上就是具有256个色阶的灰度图像，但它可以保存各种不同类型的信息。根据通道保存的信息类型，可以将通道分为3种类型，即颜色通道、Alpha通道和专色通道。“通道”面板是创建和编辑通道的主要场所。打开一幅素材图像，单击“窗口”|“通道”命令，即可打开“通道”面板，如图8-1所示。

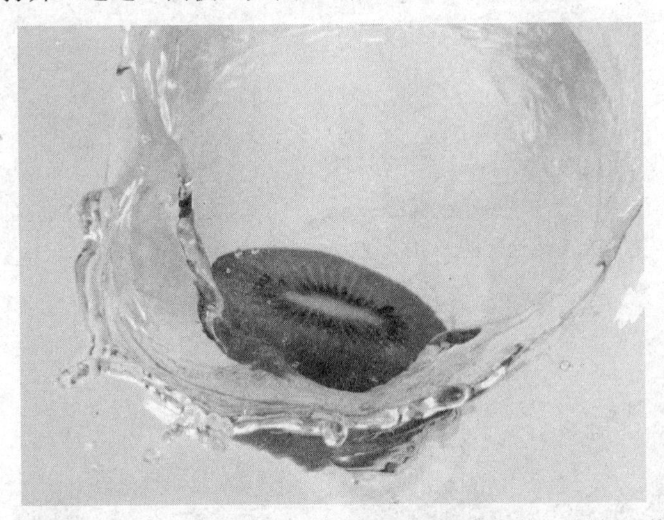

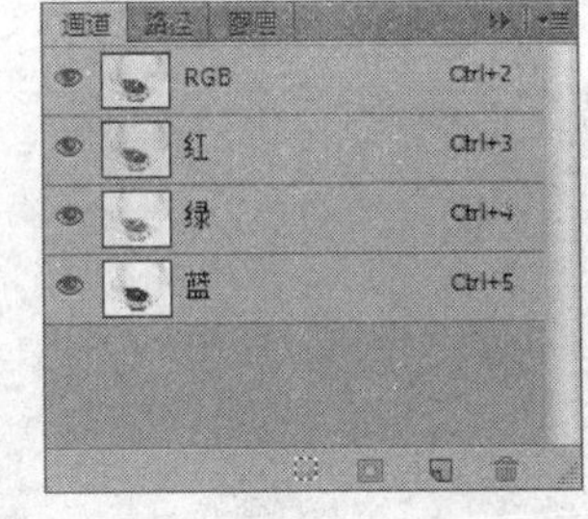

图8-1　素材图像及其“通道”面板

“通道”面板中各主要选项的含义如下：

- “指示通道可见性”图标：用于控制各通道的显示或隐藏，使用方法与图层的“指示图层可见性”图标的使用方法相同。
- 缩略图：用于预览各通道中的内容。
- 通道快捷键：各通道右侧显示的【Ctrl+2】、【Ctrl+3】、【Ctrl+4】和【Ctrl+5】即为其对应的快捷键，通过按这些快捷键，可以快速选择相应的通道。
- “将通道作为选区载入”按钮：单击该按钮，可以调出当前通道所保存的选区。
- “将选区存储为通道”按钮：单击该按钮，可以将当前选区保存为Alpha通道。
- “创建新通道”按钮：单击该按钮，可以创建一个新的Alpha通道。
- “删除当前通道”按钮：单击该按钮，可以删除当前通道。

8.2 通道的分类

通道有三种类型，分别是颜色通道、专色通道和 Alpha 通道。下面将分别进行详细讲解。

8.2.1 颜色通道

颜色通道也称为原色通道，主要用于保存图像的颜色信息，颜色通道的数目由图像的颜色模式所决定，如 RGB 颜色模式的图像有 4 个颜色通道（如图 8-2 所示），而 CMYK 颜色模式的图像则有 5 个颜色通道，如图 8-3 所示。

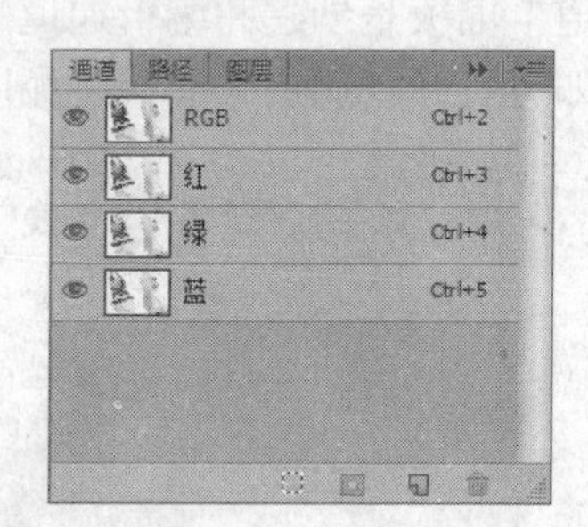

图 8-2　有 4 个颜色通道的 RGB 颜色模式图像

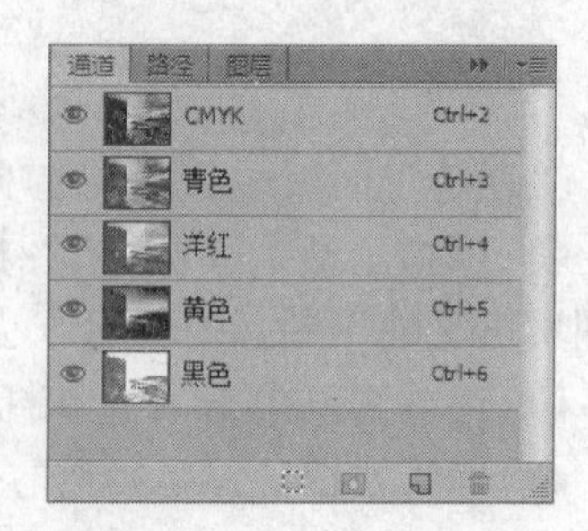

图 8-3　有 5 个颜色通道的 CMYK 颜色模式图像

8.2.2 专色通道

专色通道主要应用于印刷领域，当需要在印刷物上添加一种特殊的颜色时（如金色、银色），就需要创建专色通道，以存放专色油墨的浓度、印刷范围等信息，图 8-4 所示即为创建的一个专色通道。

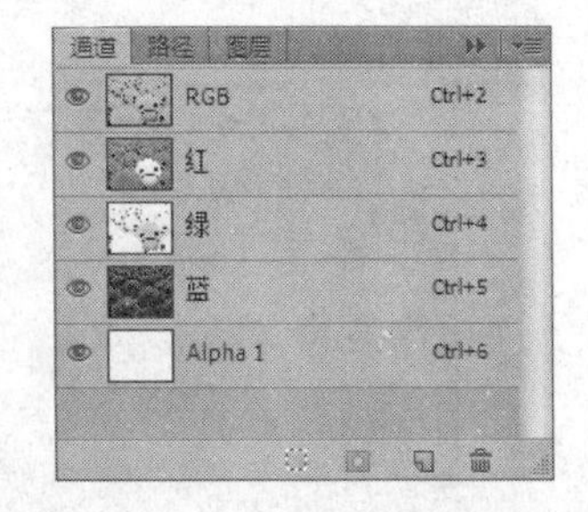

图 8-4　专色通道

8.2.3　Alpha 通道

Alpha 通道用于创建和存储选区，一个选区保存后就成了一个灰度图像存储在 Alpha 通道中，在需要时可载入图像继续使用。

8.3　通道的管理

“通道”面板用于创建并管理通道，以及监视编辑效果，通道的许多操作都需要在“通道”面板中执行。

8.3.1　新建 Alpha 通道

新建 Alpha 通道的方法与在“图层”面板中新建图层的方法类似。新建 Alpha 通道的具体操作步骤如下：

（1）单击“文件”|“打开”命令，打开一幅素材图像，如图 8-5 所示。

（2）单击“窗口”|“通道”命令，打开“通道”面板，将鼠标指针移至面板底部的“创建新通道”按钮上，如图 8-6 所示。

图 8-5　打开的素材图像

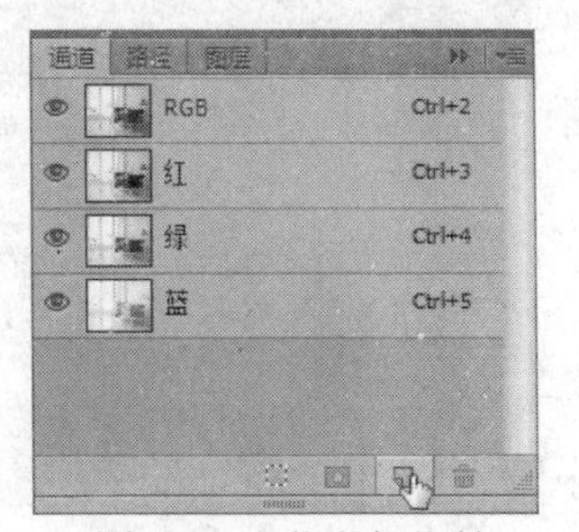

图 8-6　定位鼠标指针

（3）单击鼠标左键，即可创建一个名为 Alpha 1 的通道，如图 8-7 所示。

专家指点

> 单击“通道”面板右上角的面板菜单按钮，在弹出的面板菜单中选择“新建通道”选项，弹出“新建通道”对话框（如图 8-8 所示），在其中进行相应的设置后，单击“确定”按钮，也可新建 Alpha 通道。

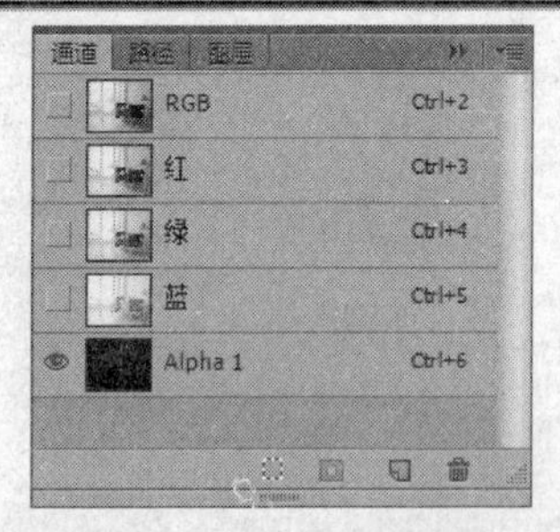

图 8-7　新建 Alpha 通道

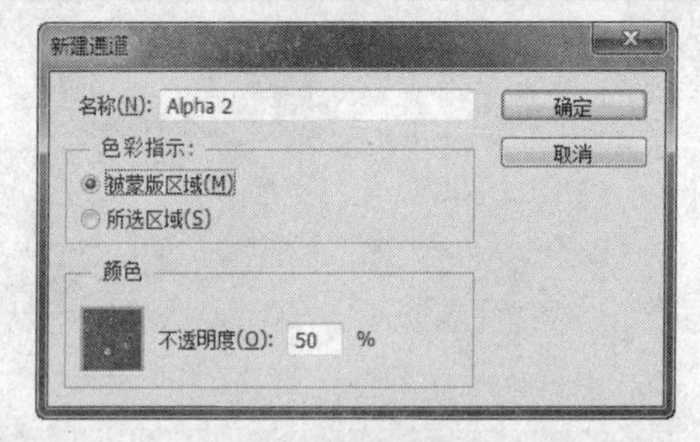

图 8-8　“新建通道”对话框

8.3.2　新建专色通道

新建专色通道的方法非常简单，用户只需单击“通道”面板右上角的面板菜单按钮，在弹出的面板菜单中选择“新建专色通道”选项即可。新建专色通道的具体操作步骤如下：

（1）单击“文件”|“打开”命令，打开一幅素材图像，如图 8-9 所示。

图 8-9　打开的素材图像

（2）打开“通道”面板，单击面板右上角的面板菜单按钮，在弹出的面板菜单中选择“新建专色通道”选项，如图 8-10 所示。

（3）弹出“新建专色通道”对话框，设置“颜色”为蓝色（RGB 颜色参数值分别为 30、0、255），如图 8-11 所示。

（4）单击“确定”按钮，即可新建名为“专色 1”的专色通道，如图 8-12 所示。

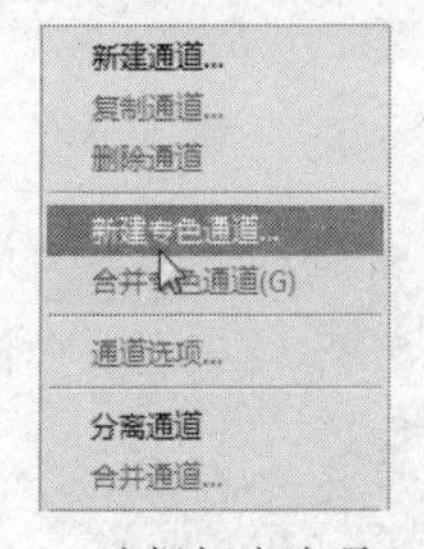

图 8-10　选择相应选项

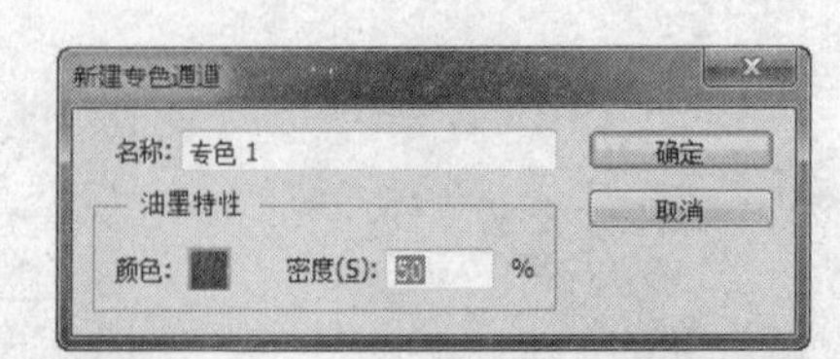

图 8-11　“新建专色通道”对话框

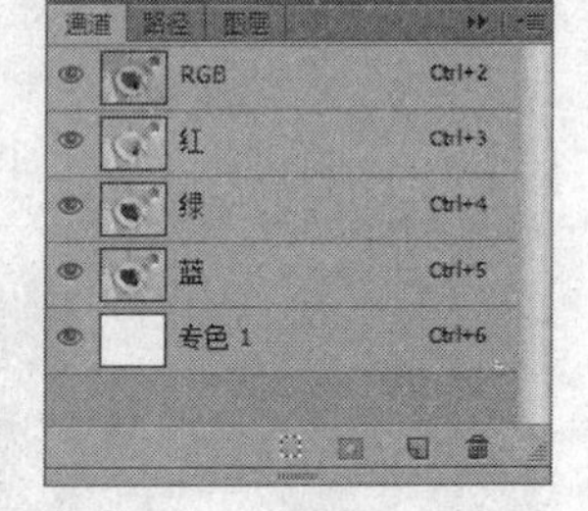

图 8-12　新建专色通道

8.3.3　编辑专色通道

在“通道”面板中新建专色通道后，用户可以根据需要对专色通道的属性进行编辑，其具体操作步骤如下：

（1）将鼠标指针移至新建的“专色 1”通道上，双击鼠标左键，弹出“专色通道选项”对话框，单击“颜色”色块，弹出“选择专色：”对话框，在其中设置颜色为绿色，如图 8-13 所示。

（2）单击“确定”按钮，返回“专色通道选项”对话框，并设置“密度”值为 80%（如图 8-14 所示），单击“确定”按钮，即可完成对专色通道的编辑。

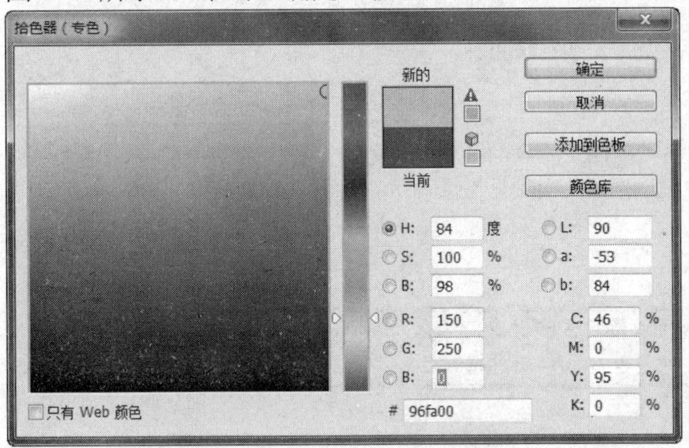

图 8-13 “选择专色：”对话框

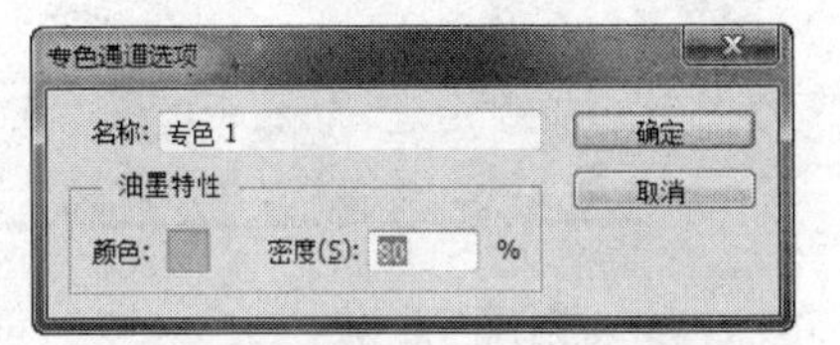

图 8-14 “专色通道选项”对话框

8.3.4 复制和删除通道

复制和删除通道的操作与复制和删除图层的操作非常相似，通过复制和删除通道操作，可以制作不同的图像效果。

复制通道

在“通道”面板中选择某个颜色通道或 Alpha 通道，然后在面板菜单中选择“复制通道”选项，即可复制所选通道。复制通道的具体操作步骤如下：

（1）单击“文件”|“打开”命令，打开一幅素材图像，如图 8-15 所示。

（2）打开“通道”面板，选择面板中的“蓝”通道，如图 8-16 所示。

图 8-15　打开的素材图像

图 8-16　选择通道

（3）单击面板右上角的面板菜单按钮，在弹出的面板菜单中选择“复制通道”选项，如图 8-17 所示。

（4）弹出“复制通道”对话框，如图 8-18 所示。

（5）单击“确定”按钮，即可复制一个名为“蓝 副本”的通道，如图 8-19 所示。

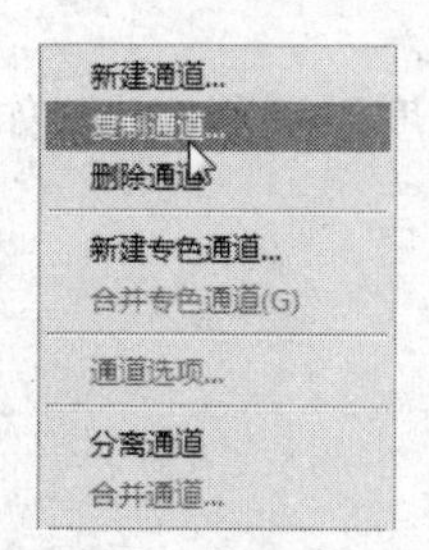

图 8-17　选择相应选项

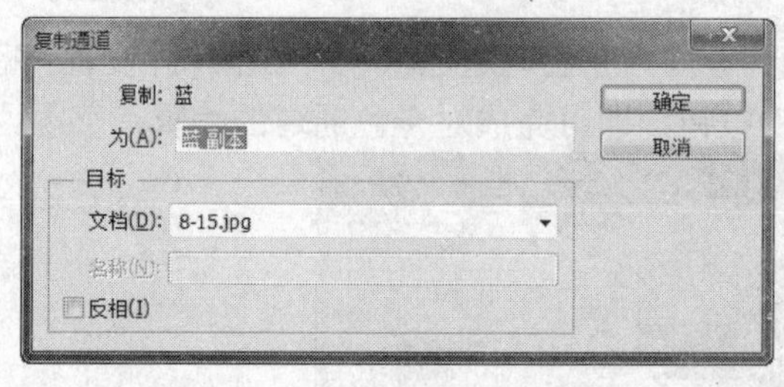

图 8-18　“复制通道”对话框

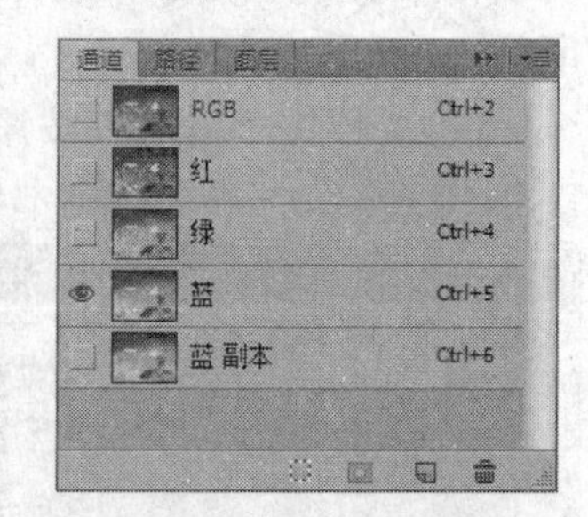

图 8-19　复制通道

专家指点

在“通道”面板中选择需要复制的通道后，按住鼠标左键并将其拖曳至面板底部的“创建新通道”按钮上，然后释放鼠标左键，也可复制所选通道。

删除通道

创建的通道大大增加了图像的文件大小，用户在存储图像时，最好将不再需要的通道删除，以节省磁盘空间。删除通道的具体操作步骤如下：

（1）在“通道”面板中选择“蓝”通道，按住鼠标左键并将其拖曳至面板底部的“删除当前通道”按钮上，如图 8-20 所示。

（2）释放鼠标左键，即可删除选择的通道，此时图像自动转换至多通道模式，如图 8-21 所示。

（3）此时，图像编辑窗口中的图像效果如图 8-22 所示。

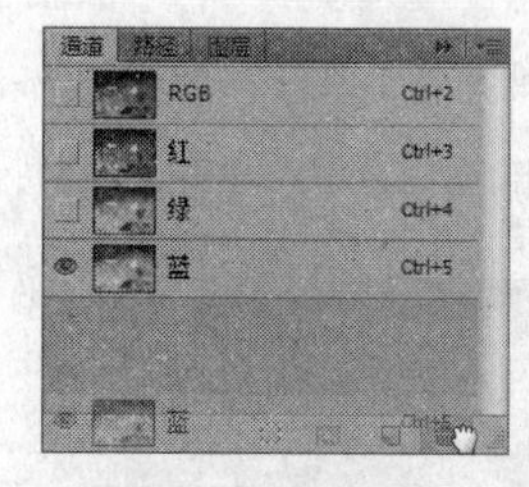

图 8-20　拖曳通道

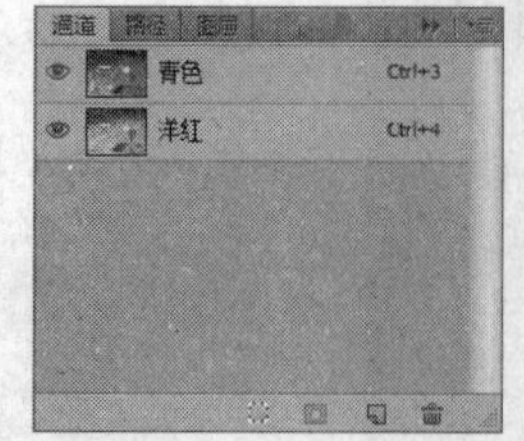

图 8-21　删除通道

图 8-22　删除通道后的图像效果

专家指点

在“通道”面板中选择需要删除的通道后，单击面板右上角的面板菜单按钮，在弹出的面板菜单中选择“删除通道”选项，也可删除当前选择的通道。

8.3.5　将选区保存为通道

在图像编辑窗口中创建的选区都是临时性的，一旦创建新的选区，原来的选区将被新选区替换，因此对于一些需要重复使用的选区，就有必要将其保存至通道。

（1）单击“文件”|“打开”命令，打开一个素材图像文件，如图 8-23 所示。

（2）运用快速选择工具选择图像编辑窗口中的红色雨伞，如图 8-24 所示。

图 8-23　打开的素材图像

图 8-24　创建选区

（3）单击“选择”|“存储选区”命令，弹出“存储选区”对话框，在其中设置各选项，如图 8-25 所示。

（4）单击“确定”按钮，即可将创建的雨伞选区保存至通道，如图 8-26 所示。

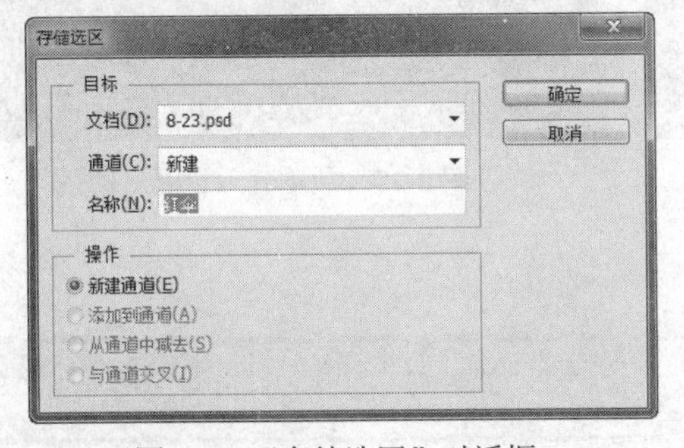

图 8-25 “存储选区”对话框

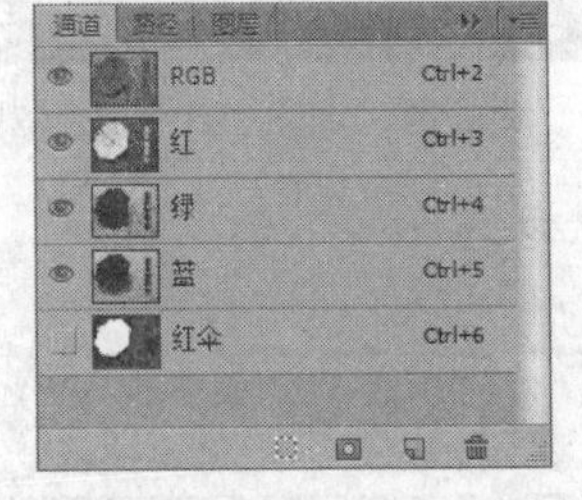

图 8-26　保存选区到通道

专家指点

在图像编辑窗口中创建选区后，单击“通道”面板底部的“将选区存储为通道”按钮 ，也可将所创建的选区存储为通道。

8.3.6　将通道作为选区载入

用户在进行图像编辑时，可以载入存储在“通道”面板中的选区，其具体操作步骤如下：

（1）在“通道”面板中选择需要载入的“红伞”通道，如图 8-27 所示。

（2）单击“选择”|“载入选区”命令，弹出“载入选区”对话框，在其中进行相应的设置，如图 8-28 所示。

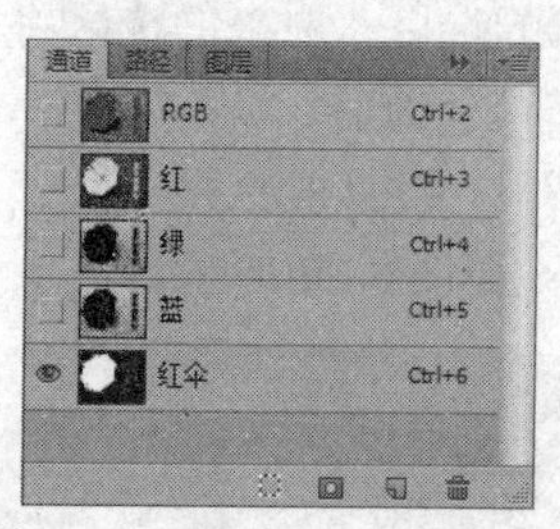

图 8-27 选择“红伞”通道

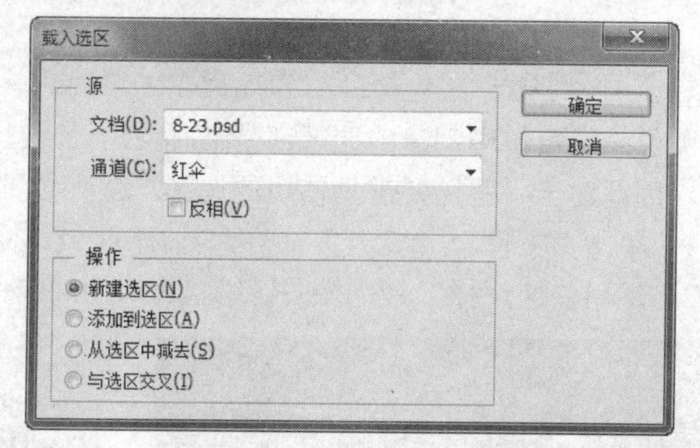

图 8-28 “载入选区”对话框

（3）单击“确定”按钮，即可将通道作为选区载入，如图 8-29 所示。

（4）选择“通道”面板中的 RGB 通道，即可预览载入选区后的图像效果，如图 8-30 所示。

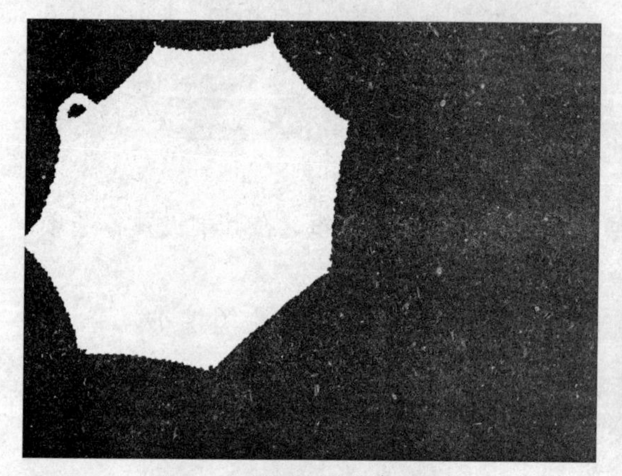

图 8-29 将通道作为选区载入

图 8-30 预览载入选区后的效果

专家指点

在“通道”面板中选择需要作为选区载入的通道后，单击面板底部的“将通道作为选区载入”按钮，也可将选择的通道作为选区载入。

8.3.7 分离和合并通道

通过分离通道操作，可以将拼合图像分离为单独的图像；而合并通道操作则可以将单独扫描的图像合成为一幅彩色图像。

分离通道

使用分离通道命令，可以将每个通道分离为单独的灰度文件，并关闭源文件。分离通道的具体操作步骤如下：

（1）单击“文件”|“打开”命令，打开一个素材图像文件，如图 8-31 所示。

（2）打开“通道”面板，单击面板右上角的面板菜单按钮，在弹出的面板菜单中选择“分离通道”选项，如图 8-32 所示。

图 8-31　打开的素材图像

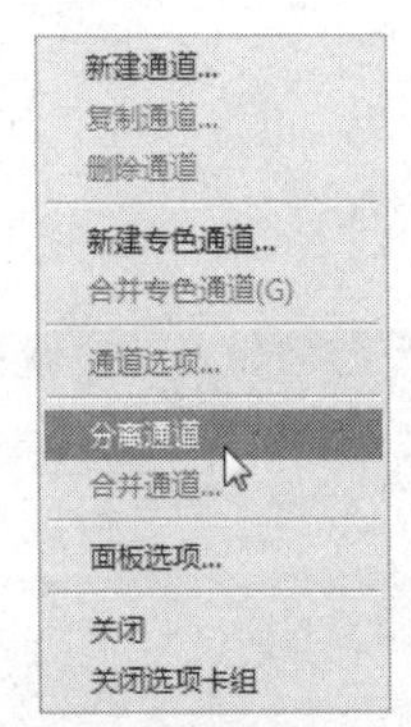

图 8-32　选择相应选项

（3）操作完成后，即可将 RGB 模式图像的通道分离为 3 幅灰度图像，如图 8-33 所示。

图 8-33　分离通道后生成的 3 幅灰度图像

专家指点

在使用“分离通道”命令分离图像时，必须保证当前图像中仅存在一个“背景”图层，才可以激活“分离通道”命令。

合并通道

使用“合并通道”命令可以将多幅大小相同的灰度图像合并成一幅彩色图像。合并通道的具体操作步骤如下：

（1）单击“文件”|“打开”命令，打开 3 幅灰度模式的素材图像，如图 8-34 所示。

图 8-34　打开的素材图像

（2）打开“通道”面板，单击面板右上角的面板菜单按钮，在弹出的面板菜单中选择“合并通道”选项，弹出“合并通道”对话框，设置“模式”为“RGB 颜色”，如图 8-35 所示。

（3）单击“确定”按钮，弹出“合并 RGB 通道”对话框，如图 8-36 所示。

图 8-35 “合并通道”对话框

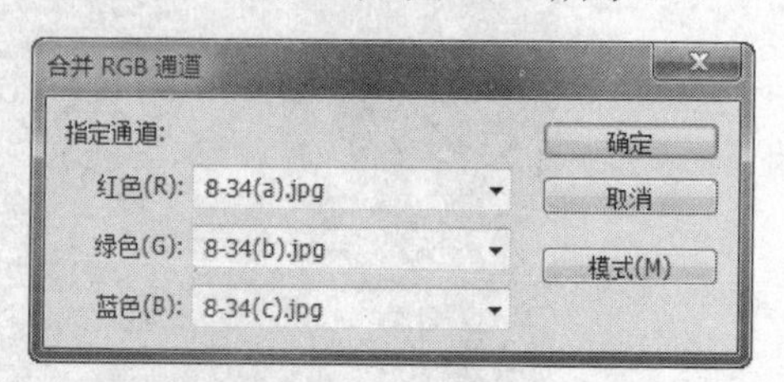

图 8-36 “合并 RGB 通道”对话框

（4）单击“确定”按钮，即可将 3 幅灰度模式的图像合并为一幅 RGB 模式的彩色图像，如图 8-37 所示。

图 8-37 合并通道后生成的彩色图像

专家指点

大家需要注意，要合并的图像必须是灰度模式、具有相同像素尺寸，且同时处于打开状态才可以。

8.4 使用通道合成图像

应用 Photoshop 提供的“应用图像”和“计算”命令，可以将图像内部和图像之间的通道组合成新的图像。

8.4.1 使用“应用图像”命令合成图像

运用“应用图像”命令，可以在源图像中选择一个或多个通道进行运算，然后将运算结果显示在目标图像中，以产生各种特殊的合成效果。运用“应用图像”命令合成图像的具体操作步骤如下：

（1）单击“文件”|“打开”命令，打开 3 幅素材图像，如图 8-38 所示。

图 8-38　打开的素材图像

（2）单击“图像”|“应用图像”命令，弹出“应用图像”对话框，在其中进行相应的设置，如图 8-39 所示。

（3）单击“确定”按钮，即可完成图像的合成，如图 8-40 所示。

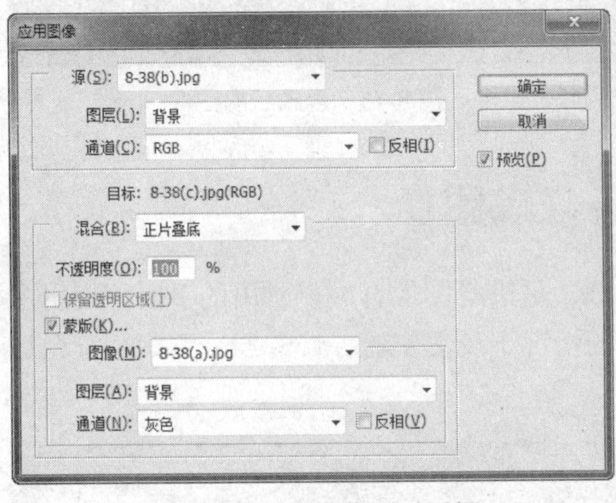
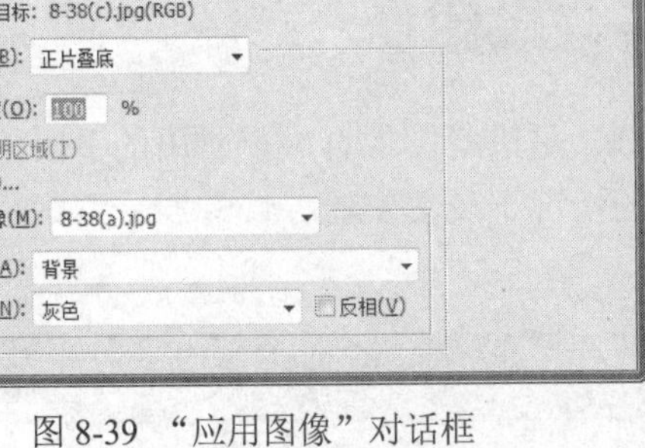

图 8-39　“应用图像”对话框

图 8-40　合成后的图像

8.4.2　使用“计算”命令合成图像

运用“计算”命令可以将一幅或多幅源图像中的通道以各种方式混合，并将混合后的结果应用到一幅新的图像或当前图像的通道和选区中。运用“计算”命令合成图像的具体操作步骤如下：

（1）单击“文件”|“打开”命令，打开两幅素材图像，如图 8-41 所示。

图 8-41　打开的素材图像

（2）单击“图像”|“计算”命令，弹出“计算”对话框，在其中设置各选项，如图 8-42 所示。

（3）单击“确定”按钮，即可完成图像的合成，如图 8-43 所示。

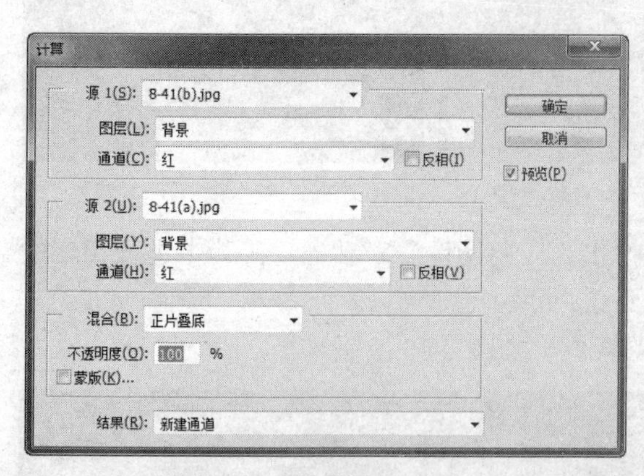

图 8-42 “计算”对话框

图 8-43 合成后的图像

8.5 使用蒙版合成图像

图层蒙版可轻松地控制图层区域的显示与隐藏，是进行图像合成最常用的手段。使用图层蒙版合成图像的好处在于，可以在不破坏图像的情况下反复实验、修改混合方案，直至达到用户所需的效果。

8.5.1 蒙版的原理和作用

蒙版可分为两种：像素蒙版和矢量蒙版，这里仅介绍像素蒙版。像素蒙版实际上是一幅灰度图像，蒙版中的白色区域表示当前图层的对应图像呈显示状态；蒙版中的黑色区域表示当前图层中的对应图像呈隐藏状态；蒙版中的灰度区域，根据 256 级灰度的不同设置使对应的图像区域呈现不同层次的透明效果。图 8-44 所示为应用蒙版后的“图层”面板与相应的图像效果。

图 8-44 “图层”面板与图像效果

8.5.2　创建图层蒙版

通过单击“图层”|“图层蒙版”|“显示全部”命令，或单击“图层”面板底部的“添加图层蒙版”按钮，即可为当前图层创建图层蒙版。直接创建图层蒙版的具体操作步骤如下：

（1）单击“文件”|“打开”命令，打开一幅素材图像，如图 8-45 所示。

（2）在“图层”面板中选择“图层 2”，单击面板底部的“添加图层蒙版”按钮，如图 8-46 所示。

图 8-45　打开的素材图像

图 8-46　单击“添加图层蒙版”按钮

（3）操作完成后，即可为“图层 2”创建一个图层蒙版，如图 8-47 所示。

（4）选择工具箱中的渐变工具，设置前景色和背景色为默认值，将鼠标指针移至工具属性栏左侧的“点按可编辑渐变”渐变条上，单击鼠标左键，弹出“渐变编辑器”对话框，在“预设”列表中选择“前景色到透明渐变”选项，如图 8-48 所示。

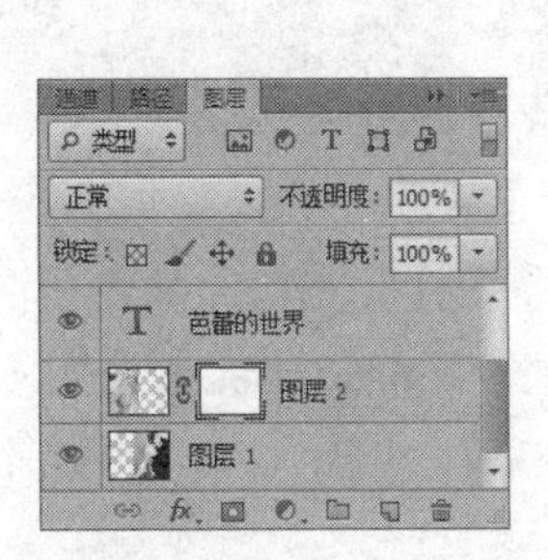

图 8-47　创建图层蒙版

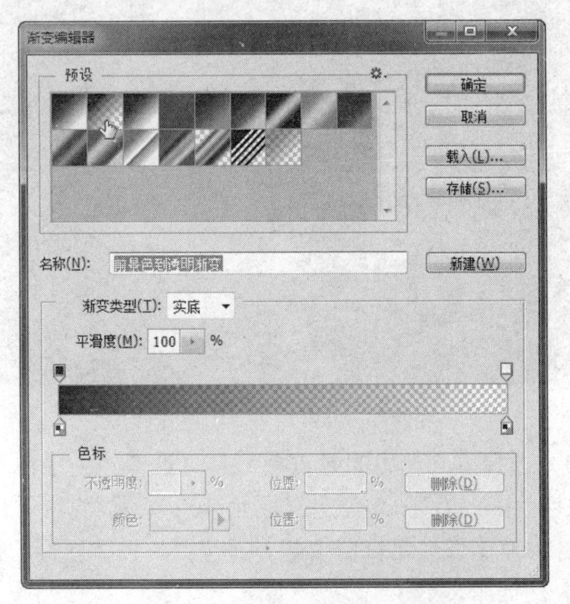

图 8-48　“渐变编辑器”对话框

（5）单击“确定”按钮，将鼠标指针移至图像编辑窗口中的合适位置，按住鼠标左键的同时水平向左拖曳鼠标，如图 8-49 所示。

（6）至合适位置后释放鼠标左键，即可完成图像的合成，如图 8-50 所示。

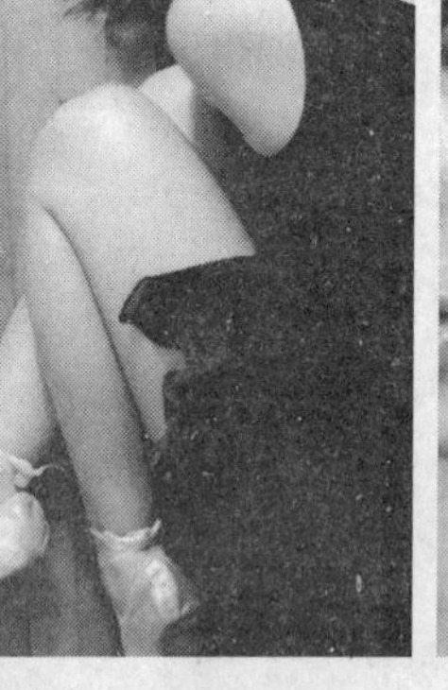

图 8-49　拖曳鼠标

图 8-50　合成后的图像

8.5.3 编辑图层蒙版

图层蒙版具有易编辑性，可以制作其他工具无法实现的特殊效果。编辑图层蒙版的具体操作步骤如下：

（1）单击“文件”|“打开”命令，打开一个素材图像文件，如图 8-51 所示。

（2）在“图层”面板中选择“图层 1”中的蒙版，如图 8-52 所示。

图 8-51　打开的素材图像文件

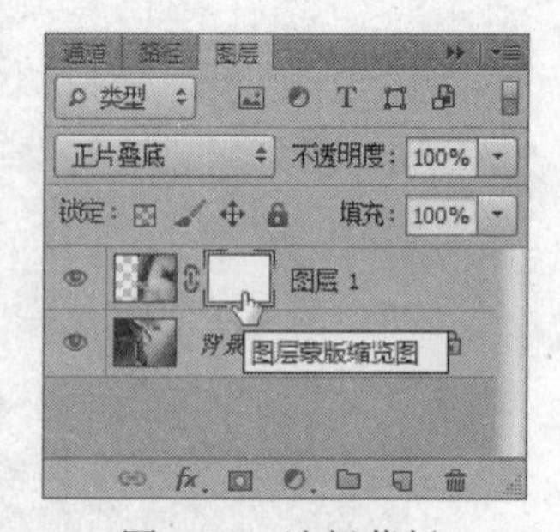

图 8-52　选择蒙版

（3）选择工具箱中的橡皮擦工具，设置“前景色”、“背景色”分别为黑色和白色，在工具属性栏中设置“画笔”为“柔角 100 像素”、“不透明度”为 50%、“流量”为 80%，将鼠标指针移至图像编辑窗口中的合适位置，按住鼠标左键并拖曳，进行涂抹，擦除不需要的图像部分，如图 8-53 所示。

（4）此时，在“图层”面板的图层蒙版上将以黑色显示橡皮擦工具所擦除的路径，如

图 8-54 所示。

图 8-53　擦除图像

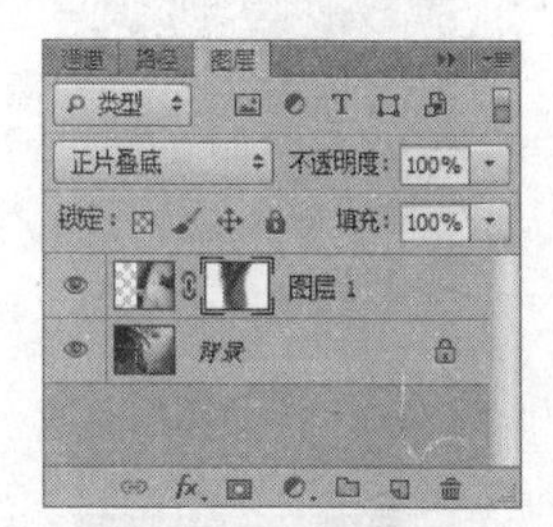

图 8-54　图层蒙版

8.5.4　停用和启用图层蒙版

停用图层蒙版，可以暂时使蒙版失效，此时蒙版缩略图显示为▣，同时图层中被隐藏的图像会恢复显示，用户也可根据需要再次启用蒙版。

（1）单击“文件”|“打开”命令，打开一个素材图像文件，如图 8-55 所示。

（2）在“图层”面板中选择“图层 2”图层右侧的蒙版缩略图，单击鼠标右键，在弹出的快捷菜单中选择“停用图层蒙版”选项，如图 8-56 所示。

图 8-55　打开的素材图像

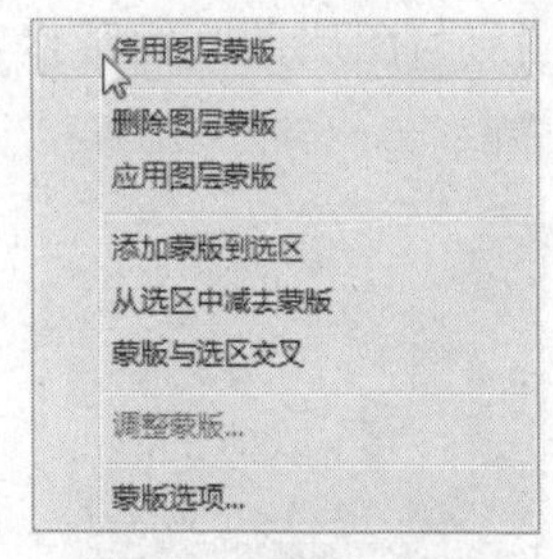

图 8-56　选择相应选项

（3）操作完成后，即可停用图层蒙版，蒙版缩略图上显示一个红色叉形标记，如图 8-57 所示。

（4）此时，图像编辑窗口中的图像效果如图 8-58 所示。将鼠标指针移至带红色叉形标记的蒙版缩略图上，单击鼠标左键，即可再次启用图层蒙版。

专家指点

按住【Shift】键的同时在蒙版缩略图上单击鼠标左键，也可停用当前图层蒙版。

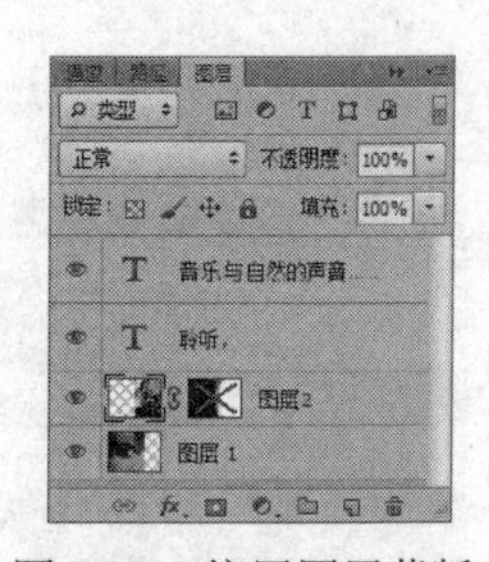

图 8-57　停用图层蒙版

图 8-58　停用图层蒙版后的图像效果

8.5.5　移动和复制图层蒙版

图层蒙版可以在不同图层之间进行移动和复制操作，移动和复制图层蒙版的具体操作步骤如下：

（1）单击“文件”|“打开”命令，打开一个素材图像文件，如图 8-59 所示。

（2）在“图层”面板中选择“图层 2”中的蒙版，按住鼠标左键并向“图层 3”上拖曳，如图 8-60 所示。

（3）释放鼠标左键，即可将图层蒙版移至“图层 3”上，如图 8-61 所示。

图 8-59　打开的素材图像

（4）选择“图层 3”中的蒙版，单击图层缩略图与蒙版缩略图之间的链形图标，取消图层与图层蒙版的链接，如图 8-62 所示。

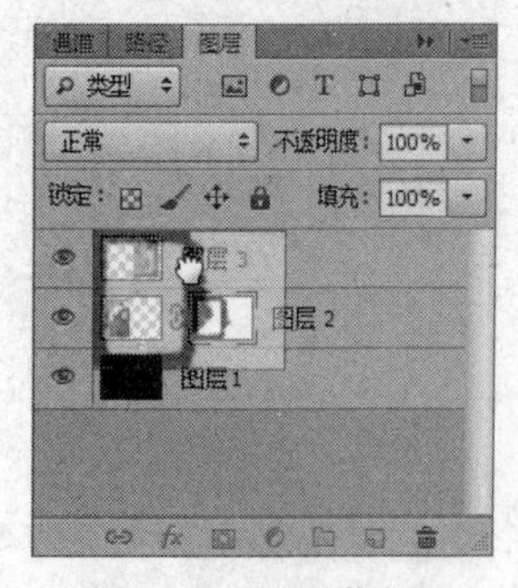

图 8-60　拖曳蒙版

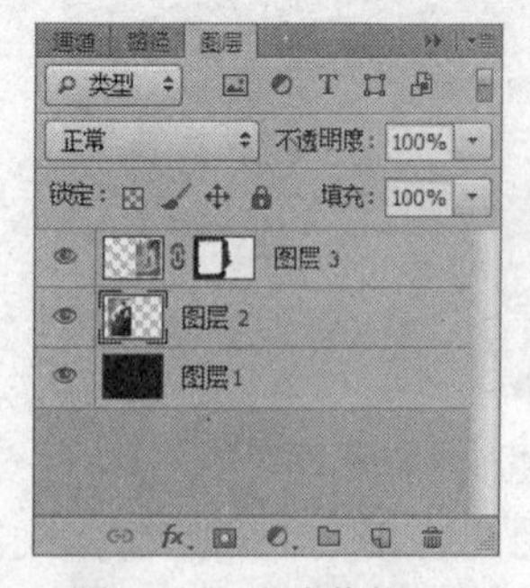

图 8-61　移动蒙版

图 8-62　取消图层与图层蒙版的链接

（5）运用移动工具将图像编辑窗口中的图层蒙版移至合适位置，如图 8-63 所示。

（6）按住【Alt】键的同时，将“图层 3”的蒙版拖曳至“图层 2”上，至合适位置后释放鼠标左键，即可复制该图层蒙版。

（7）运用移动工具将图像编辑窗口中复制的图层蒙版移至合适的位置，效果如图 8-64 所示。

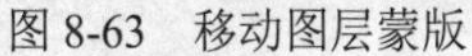

图 8-63　移动图层蒙版

图 8-64　移动图层蒙版

8.5.6　使用矢量蒙版合成图像

矢量蒙版与图层蒙版类似，也是一种控制图层中图像显示与隐藏的方法。不同的是，矢量蒙版是通过钢笔或形状工具创建的蒙版，与分辨率无关。使用矢量蒙版合成图像的具体操作步骤如下：

（1）单击“文件”|“打开”命令，打开两幅素材图像，如图 8-65 所示。

图 8-65　打开素材图像

（2）选取工具箱中的磁性套索工具，在图像编辑窗口中创建一个选区，如图 8-66 所示。

（3）单击“选择”|“修改”|“羽化”命令，弹出“羽化选区”对话框，设置“羽化半径”为 10，如图 8-67 所示。

（4）单击“确定”按钮，然后在展开的“路径”面板中单击“从选区中生成路径”按钮，将选区转换为路径，如图 8-68 所示。

（5）选取工具箱中的移动工具，将人物素材拖曳到背景素材图像编辑窗口中，并适当调整其大小和位置，如果 8-69 所示。

图 8-66　创建选区

图 8-67　羽化选区

图 8-68　将选区转换为路径

（6）单击"图层"|"矢量蒙版"|"当前路径"命令，即可创建矢量蒙版，效果如图 8-70 所示。

图 8-69　添加素材图像

图 8-70　添加矢量蒙版后的图像

8.5.7 通过快速蒙版合成图像

快速蒙版主要用来创建选区、抠取图像，它可以将任何选区作为蒙版进行编辑。进入快速蒙版状态后，可以在图像中进行编辑，以添加或减去蒙版，受蒙版保护的区域和未受蒙版保护的区域以不同的颜色进行区分。当离开快速蒙版模式时，未受保护的区域将转换为选区。

（1）按【Ctrl+O】组合键，打开一个图像文件，按【Ctrl+A】组合键全选图像，在图像的边缘创建选区，如图 8-71 所示。

（2）单击工具箱中的"以快速蒙版模式编辑"按钮，将选区内的图像转换到快速蒙版模式下，选择工具箱中的橡皮擦工具，设置前景色为白色，在图像中的人物以外部分进行涂抹，如图 8-72 所示。

（3）单击工具箱中的"以标准模式编辑"按钮，将蒙版转换为选区，如图 8-73 所示。

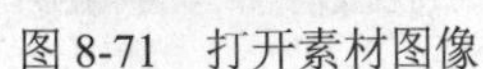
图 8-71　打开素材图像

图 8-72　涂抹图像

图 8-73　将蒙版转换为选区

（4）按【Ctrl+C】组合键复制选区内的图像，然后打开另一个素材文件，按【Ctrl+V】组合键粘贴图像，如图 8-74 所示。

（5）按【Ctrl+T】组合键调出变换控制框，将图像调整至合适的大小，然后设置“图层 1”的“图层混合模式”为“线性加深”，效果如图 8-75 所示。

图 8-74　粘贴图像

图 8-75　调整图像混合模式

8.6　课后习题

一、填空题

1．在 Photoshop 中，一共包括三种类型的通道，即_________、_________和 Alpha 通道。

2．通过单击“图层”|“___________”|“显示全部”命令，或单击“图层”面板底部的_________按钮，即可为当前图层创建图层蒙版。

3．按住_________键的同时，在蒙版缩略图上单击鼠标左键，可停用当前图层蒙版。

二、简答题

1．简述新建 Alpha 通道的方法。

2．如何分离和合并通道？

3．简述利用图层蒙版合成图像的方法。

三、上机操作

1．使用“计算”命令抠取图像背景，效果如图 8-76 所示。

图 8-76　抠取背景

关键提示：

（1）单击“图像”|“计算”命令，弹出“计算”对话框，设置“源 1”通道颜色为蓝色、“源 2”通道颜色为绿色、“混合”为“相加”、“结果”为“选区”，单击“确定”按钮，系统将自动创建选区，按【Ctrl＋Shift＋I】组合键，反向选区。

（2）连续按 3 次【Ctrl＋J】组合键，复制选区内的图像；单击“图层”面板中“背景”图层前面的“指示图层可视性”图标，隐藏该图层；按【Shift＋Ctrl＋E】组合键，将所有可见图层合并。

2．制作图层合成效果（别墅与山水合成），如图 8-77 所示。

图 8-77　素材图像与合成的效果

关键提示：

（1）使用移动工具将山水图像移至别墅图像中，适当调整各图像的大小。

（2）将别墅设置为当前图层，单击“图层”控制调板底部的“添加图层蒙版”按钮，然后使用渐变工具，并选择从黑色至白色的渐变样式，对添加蒙版的图层中的图像由上向下以线性渐变进行填充。

第 9 章　图像色彩和色调的调整

Photoshop 拥有多种强大的颜色调整功能，使用“曲线”、“色阶”等命令可以轻松地调整图像的色相、饱和度、对比度和亮度，修正有色彩失衡、曝光不足或过度等缺陷的图像，甚至能为黑白图像上色，制作出更多特殊图像效果。

9.1 颜色的基本属性

颜色可以产生修饰效果，使图像显得更加绚丽，同时激发人的感情和想象力；正确地运用颜色能使黯淡的图像明亮绚丽，使毫无生气的图像充满活力。色彩的基本要素包括色相、饱和度和亮度，这就是色彩的三种属性，这三种属性以人类对颜色的感觉为基础，相互制约，共同构成人类视觉中完整的颜色表相。

9.1.1 色相

每种颜色的固有颜色表相叫做色相（Hue，简称为 H），这是一种颜色区别于另一种颜色的最显著的特征。颜色是按色轮关系排列的，色轮是表示最基本色相关系的颜色表。色轮上 90 度角以内的几种颜色称同类色，而 90 度角以外的色彩称为对比色。色轮上相对位置的颜色叫补色，如红色与蓝色是补色关系，蓝色与黄色也是补色关系。

除了以颜色固有的色相来命名颜色外，还经常以植物具有的颜色命名（如草绿）、动物所具有的颜色命名（如鸽子灰）以及颜色的深浅和明暗命名（如深绿），如图 9-1 所示。

图 9-1　草绿色与深绿色图像

9.1.2 饱和度

饱和度（简写为 C，也称为彩度）是指颜色的强度或纯度。饱和度表示色相中颜色本身色素分量所占的比例，它使用从 0%～100%的百分比来度量。在标准色轮上，饱和度从中心到边缘逐渐递增，颜色的饱和度越高，其鲜艳程度也就越高，反之颜色则因包含其他颜色而显得陈旧或混浊。

不同饱和度的颜色会给人带来不同的视觉感受，高饱和度的颜色给人以积极、冲动、活泼、有生气、喜庆的感觉；低饱和度的颜色给人以消极、无力、安静、沉稳、厚重的感觉，如图 9-2 所示。

图 9-2　高饱和度与低饱和度的图像

9.1.3　明度

亮度（Value，简写为 V，又称为明度）是指颜色的明暗程度，通常使用从 0%～100%的百分比来度量。在正常强度的光线照射下的色相，被定义为标准色相，亮度高于标准色相的，称为该色相的高光；反之，称为该色相的阴影。

不同亮度的颜色给人的视觉感受各不相同，高亮度颜色给人以明亮、纯净、唯美等感觉；中亮度颜色给人以朴素、稳重、亲和的感觉；低亮度颜色则让人感觉压抑、沉重、神秘，如图 9-3 所示。

图 9-3　高明度与低明度的图像

9.2　图像调色的基本操作

通过扫描仪或数码相机获取的图像文件，经常会出现色调过暗、过亮或色调不够平滑等现象，难以达到用户的要求或预期的效果，此时就需要运用减淡工具、加深工具、海绵工具、“亮度/对比度”命令、“色阶”命令或“曲线”命令等对图像的色调进行调整。

9.2.1 利用减淡工具快速加亮图像

运用“减淡”工具可以使图像加亮，类似于补光操作。运用减淡工具加亮图像的具体操作步骤如下：

（1）单击“文件”|“打开”命令，打开一幅风景素材图像，如图 9-4 所示。

（2）选择工具箱中的“减淡”工具，并在工具属性栏中设置“画笔”为“柔角 300 像素”、“范围”为“中间调”、“曝光度”为 50%，将鼠标指针移至图像上方，按住鼠标左键并拖动，进行涂抹，至合适效果后，释放鼠标左键。用与上述相同的方法，在图像的其他部分进行涂抹，即可快速加亮图像，如图 9-5 所示。

图 9-4　素材图像

图 9-5　加亮图像

9.2.2 利用加深工具快速使图像暗淡

“加深”工具是对图像的阴影、中间调和高光进行遮光、变暗处理，从而使色调加深。运用加深工具加暗图像的具体操作步骤如下：

（1）单击“文件”|“打开”命令，打开一幅美食素材图像，如图 9-6 所示。

（2）选择工具箱中的“加深”工具，在工具属性栏中设置“画笔”为“柔角 300 像素”、“范围”为“中间调”、“曝光度”为 50%，将鼠标指针移至图像上方，按住鼠标左键并拖动，进行涂抹，至合适效果后释放鼠标左键，即可快速加暗图像，如图 9-7 所示。

图 9-6　打开的素材图像

图 9-7　快速加暗图像

9.2.3 通过海绵工具调整图像饱和度

海绵工具用于调整图像颜色的饱和度，使用“海绵”工具的操作方法与使用“减淡”和“加深”工具的操作方法基本相同。运用海绵工具调整图像饱和度的具体操作步骤如下：

（1）单击“文件”|“打开”命令，打开一幅辣椒素材图像，如图 9-8 所示。

（2）选择工具箱中的“海绵”工具，在工具属性栏中设置“画笔”为“柔角 200 像素”、“模式”为“饱和”、“流量”为 50%，将鼠标指针移至图像上方，按住鼠标左键并拖动，进行涂抹，至合适效果后释放鼠标左键，即可调整图像的饱和度，如图 9-9 所示。

图 9-8 打开的素材图像

图 9-9 调整图像饱和度

9.2.4 快速调整图像亮度和对比度

运用“亮度/对比度”命令可以调整图像的亮度和对比度，但该命令只能对图像进行粗略的调整，其具体操作步骤如下：

（1）单击“文件”|“打开”命令，打开一幅人物素材图像，如图 9-10 所示。

（2）单击“图像”|“调整”|“亮度/对比度”命令，弹出“亮度/对比度”对话框，分别在“亮度”、“对比度”文本框中输入 72 和 59，如图 9-11 所示。

（3）单击“确定”按钮，即可快速调整图像的亮度和对比度，如图 9-12 所示。

图 9-10 打开的素材图像

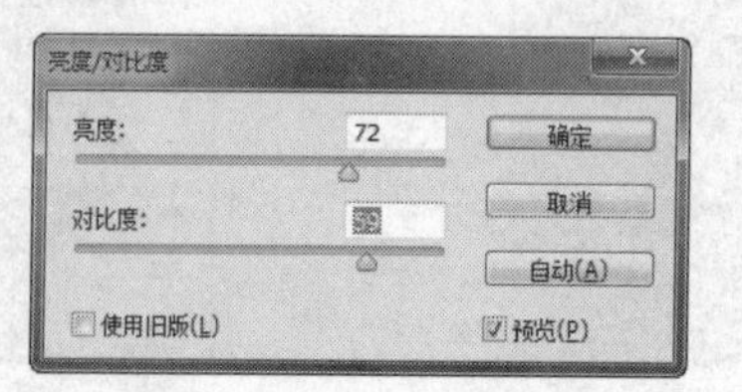

图 9-11 “亮度/对比度”对话框

图 9-12 调整图像亮度和对比度

9.2.5 利用“色阶”命令加亮或加暗图像

“色阶”命令可以调整图像的阴影、中间调和高光的级别，校正图像的色调范围和色彩平衡。

图 9-13　打开的素材图像

运用“色阶”命令加亮图像

运用“色阶”命令加亮图像是指提高图像的亮度，其具体操作步骤如下：

（1）单击“文件”|“打开”命令，打开一幅口红素材图像，如图 9-13 所示。

（2）单击“图像”|“调整”|“色阶”命令，弹出“色阶”对话框，在其中设置各参数，如图 9-14 所示。

（3）单击“确定”按钮，即可调整图像的色阶，使图像变亮，如图 9-15 所示。

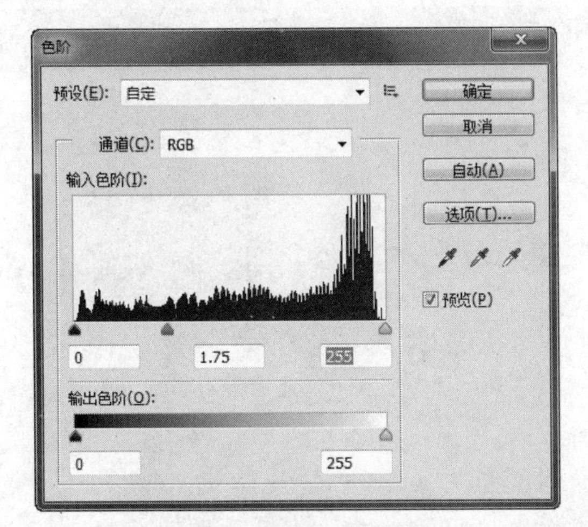

图 9-14　“色阶”对话框

图 9-15　加亮图像

“色阶”对话框中各主要选项的含义如下：

- 通道：用于选择需要调整的颜色通道，系统默认为复合颜色通道。在调整复合通道时，各颜色通道中的相应像素会按比例自动调整以避免改变图像的色彩平衡。
- 输入色阶：拖曳该选项区下方的滑块，或直接在滑块下方的文本框中输入数值，可分别设置阴影、中间调和高光色阶值，以调整图像的色阶。
- 直方图：用于显示图像的色调范围和各色阶的像素数量，与“直方图”面板显示的直方图相同。
- 输出色阶：拖曳该选项区中的两个滑块，或直接在文本框中输入数值，可以设置图像的最高色阶和最低色阶。

运用“色阶”命令加暗图像

运用“色阶”命令加暗图像是指降低图像的亮度，其具体操作步骤如下：

（1）单击“文件”|“打开”命令，打开一幅素材图像，如图 9-16 所示。

（2）单击“图像”|“调整”|“色阶”命令，弹出“色阶”对话框，在“输入色阶”选项区最左侧的文本框中输入 123，单击“确定”按钮，即可通过“色阶”命令加暗图像，如图 9-17 所示。

图 9-16　打开的素材图像

图 9-17　加暗图像

9.2.6　利用“曲线”命令精确调整图像

运用“曲线”命令，调整曲线表格中的曲线形状，即可精确调整图像的亮度、对比度和色彩等。运用“曲线”命令精确调整图像的具体操作步骤如下：

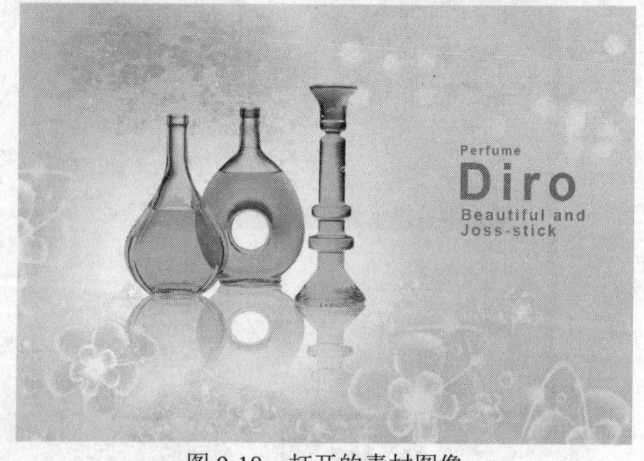

图 9-18　打开的素材图像

（1）单击“文件”|“打开”命令，打开一幅香水素材图像，如图 9-18 所示。

（2）单击“图像”|“调整”|“曲线”命令，弹出“曲线”对话框，分别在“输出”和“输入”文本框中输入 146、186，如图 9-19 所示。

（3）单击“确定”按钮，即可通过“曲线”命令精确调整图像，如图 9-20 所示。

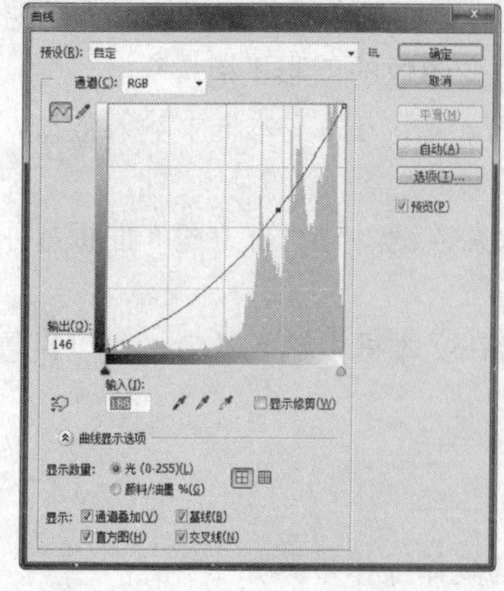

图 9-19　“曲线”对话框

图 9-20　精确调整图像

专家指点

在“曲线”对话框中，表格的横坐标代表了原图像的色调，纵坐标代表了图像调整后的色调，其变化范围均在0~255之间。当曲线向左上角弯曲时，图像色调变亮；当曲线向右下角弯曲时，图像色调变暗。

9.2.7 调整图像曝光度

“曝光度”命令用于模拟数码相机内部对数码相片的曝光处理，常用于调整曝光不足或曝光过度的数码照片。运用“曝光”命令调整图像曝光度的具体操作步骤如下：

（1）单击“文件”|“打开”命令，打开一幅美食素材图像，如图9-21所示。

（2）单击“图像”|“调整”|“曝光度”命令，弹出“曝光度”对话框，在其中设置各参数，如图9-22所示。

（3）单击“确定”按钮，即可调整图像的曝光度，如图9-23所示。

图9-21　打开的素材图像

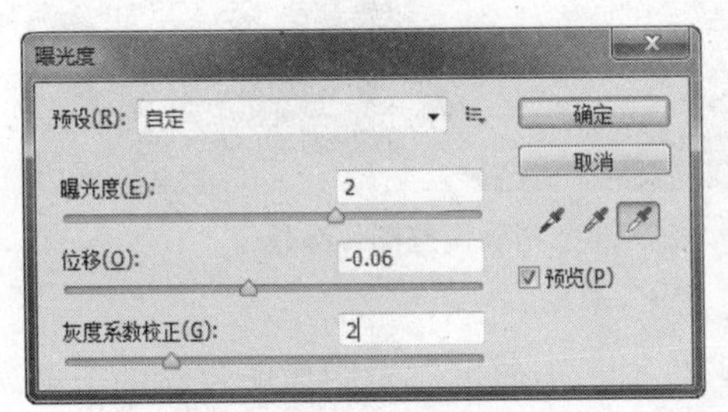

图9-22　“曝光度”对话框

图9-23　调整图像曝光度

“曝光度”对话框中各选项的含义如下：

- 曝光度：向右拖曳滑块或输入正值，可以增加图像的曝光度；向左拖曳滑块或输入负值，可以降低图像的曝光度。
- 位移：该选项可使阴影和中间调变暗，对高光的影响很轻微。
- 灰度系数校正：使用简单的乘方函数调整图像灰度系数。
- “吸管”工具：用于调整图像的亮度值。“设置黑场”吸管将设置“位移”，同时将吸管选取的像素颜色设置为黑色；“设置白场”吸管工具将设置“曝光度”，同时将吸管选取的像素设置为白色；“设置灰场”吸管工具将设置“灰度系数校正”，同时将吸管选取的像素设置为中度灰色。

9.2.8 使用“色相/饱和度”命令调整图像颜色

“色相/饱和度”命令可以精确调整整幅图像或图像中单个颜色成分的色相、饱和度和明度。运用“色相/饱和度”命令精确调整图像颜色的具体操作步骤如下：

（1）单击“文件”|“打开”命令，打开一幅人物素材图像，效果如图9-24所示。

图9-24　打开的素材图像

（2）单击“图像”|“调整”|“色相/饱和度”命令，弹出“色相/饱和度”对话框，在其中设置各参数，如图9-25所示。

（3）单击“确定”按钮，即可通过“色相/饱和度”命令精确调整图像颜色，如图9-26所示。

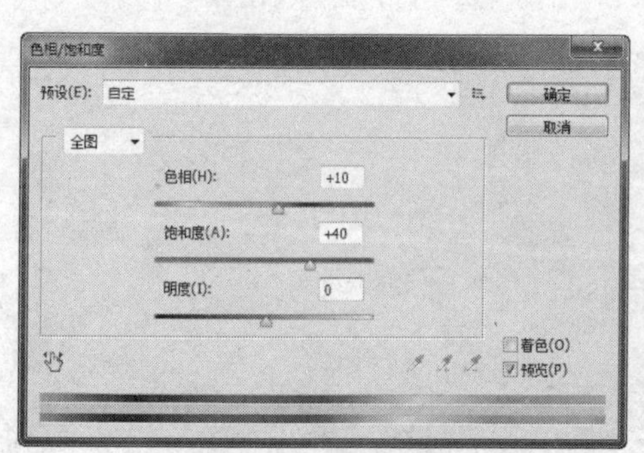

图9-25　“色相/饱和度”对话框

图9-26　精确调整图像颜色

“色相/饱和度”对话框中各选项的含义如下：

- 全图：该下拉列表框中列出了允许调整的色彩范围，不但可以对图像所包含的全部颜色进行调整，也可以分别对图像中的某一种颜色成分进行调整。
- 色相：拖曳该选项区中的滑块，可使滑块在调色杆上来回移动，对话框底部的色谱中显示了这种变化效果，该值为-180～180之间的整数。
- 饱和度：拖曳该选项区中的滑块，可以增大或减小颜色的饱和度，可调整的饱和度值在-100~100之间。
- 明度：拖曳该选项区中的滑块，可以调整颜色的明度，取值范围在-100~100之间。
- 着色：选中该复选框，可以对图像添加不同程度的灰色或单色。

9.2.9 利用“色彩平衡”命令纠正图像偏色

“色彩平衡”命令是根据颜色互补的原理，通过添加或减少互补色以达到图像的色彩平衡。例如，可以通过为图像增加红色或黄色使图像偏暖，也可以通过为图像增加蓝色或青色使图像偏冷。运用“色彩平衡”命令纠正图像偏色的具体操作步骤如下：

（1）单击“文件”|“打开”命令，打开一幅偏色的人物素材图像，如图9-27所示。

（2）单击“图像”|“调整”|“色彩平衡”命令，弹出“色彩平衡”对话框，设置各参数，如图9-28所示。

（3）单击“确定”按钮，即可通过“色彩平衡”命令纠正图像偏色，如图9-29所示。

图9-27 打开的素材图像

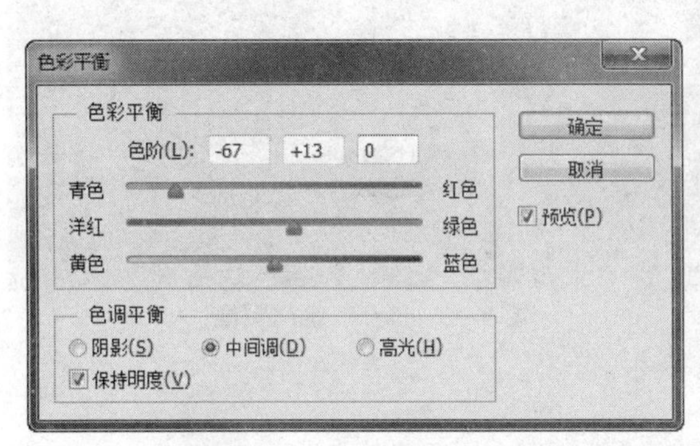

图9-28 “色彩平衡”对话框

图9-29 纠正图像偏色

9.2.10 使用“色调均化”命令均化图像色调

运用“色调均化”命令，可以均匀地调整整幅图像的亮度色调。在使用该命令时，系统会将图像中最亮的像素转换为白色，将最暗的像素转换为黑色，对其余的像素相应的进行调整。运用“色调均化”命令均化图像色调的具体操作步骤如下：

（1）单击“文件”|“打开”命令，打开一幅人物素材图像，如图9-30所示。

（2）单击“图像”|“调整”|“色调均化”命令，即可均化图像的色调，如图9-31所示。

图9-30 打开的素材图像

图9-31 均化图像色调

9.3 图像调色的高级操作

运用“黑白”、“照片滤镜”、“通道混合器”、“反相”、“色调分离”、“阈值”、“渐变映射”和“可选颜色”等命令可以更改图像中的颜色或亮度值，这些命令主要用于创建特殊颜色和色调效果，一般不用于颜色校正。

9.3.1 运用“黑白”命令制作黑白图像

“黑白”命令专用于将彩色图像转换为黑白图像，其控制选项可以分别调整 6 种颜色（红、黄、绿、青、蓝、洋红）的亮度值，从而帮助用户制作出高质量的黑白图像。运用“黑白”命令制作黑白图像的具体操作步骤如下：

（1）单击“文件”|“打开”命令，打开一幅人物素材图像，如图 9-32 所示。

图 9-32　打开的素材图像

（2）单击“图像”|“调整”|“黑白”命令，弹出“黑白”对话框，在其中设置各项参数，如图 9-33 所示。

（3）单击“确定”按钮，即可将打开的彩色图像转换为黑白图像，如图 9-34 所示。

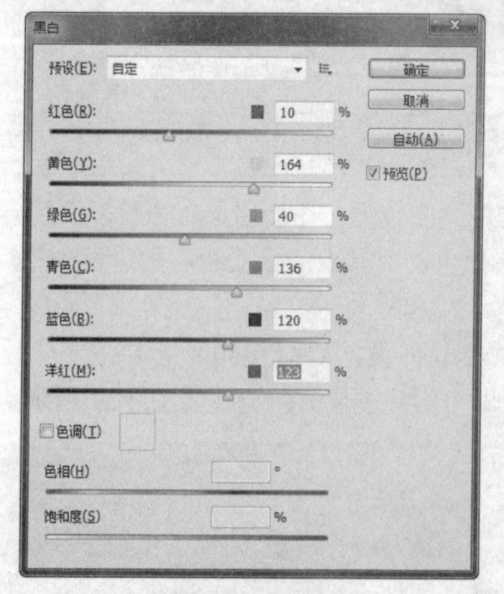

图 9-33 “黑白”对话框

图 9-34　黑白图像

9.3.2 运用“照片滤镜”命令更改照片色调

“照片滤镜”命令的功能相当于传统摄影中的滤光镜，即模拟在相机镜头前加上彩色滤光镜，以便调整到达镜头的光线的色温与色彩平衡，从而使胶片产生特定的曝光效果。运用

“照片滤镜”命令更改照片色调的具体操作步骤如下：

（1）单击“文件”|“打开”命令，打开一幅茶壶素材图像，如图9-35所示。

（2）单击“图像”|“调整”|“照片滤镜”命令，弹出“照片滤镜”对话框，在“滤镜”单选按钮右侧的下拉列表框中选择“深黄”选项，并在“浓度”文本框中输入71。

（3）单击“确定”按钮，即可对图像应用“照片滤镜”效果，如图9-36所示。

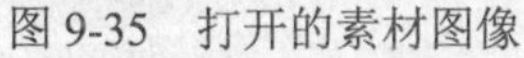

图9-35　打开的素材图像

图9-36　应用“照片滤镜”效果

9.3.3　运用“通道混合器”命令更改图像色调

运用“通道混合器”命令，用户可以使用当前颜色通道的混合值来修改图像色调，其具体操作步骤如下：

（1）单击“文件”|“打开”命令，打开一幅素材图像，如图9-37所示。

（2）单击“图像”|“调整”|“通道混合器”命令，弹出“通道混合器”对话框，设置“输出通道”为“青色”、“青色”为56%、“洋红”为2%、“黄色”为89%、“黑色”为86%、“常数”为-35%。

（3）单击“确定”按钮，即可运用“通道混合器”命令更改图像色调，如图9-38所示。

图9-37　打开的素材图像

图9-38　更改图像色调

9.3.4　运用“反相”命令制作底片效果

“反相”命令可以对图像进行反相，即将一幅正片黑白图像变成负片，或从扫描的黑白负片中得到一个正片。该命令是唯一一个不丢失颜色信息的命令，也就是说，用户可以再次执行该命令来恢复原图像。运用“反相”命令快速制作底片效果的具体操作步骤如下：

（1）单击“文件”|“打开”命令，打开一幅花素材图像，如图 9-39 所示。

（2）单击“图像”|“调整”|“反相”命令，即可快速制作底片效果，如图 9-40 所示。

图 9-39　打开的素材图像

图 9-40　制作的底片效果

专家指点

通过按【Ctrl+I】组合键，也可快速对图像应用反相效果。

9.3.5　运用“色调分离”命令分离图像色调

“色调分离”命令用于分离图像中每个通道的色调，并将像素映射为最接近的色调。运用“色调分离”命令分离图像色调的具体操作步骤如下：

（1）单击“文件”|“打开”命令，打开一幅素材图像，如图 9-41 所示。

（2）单击“图像”|“调整”|“色调分离”命令，弹出“色调分离”对话框，在“色阶”文本框中输入 6，单击“确定”按钮，即可分离图像的色调，如图 9-42 所示。

图 9-41　打开的素材图像

图 9-42　分离图像色调

9.3.6　运用“阈值”命令制作黑白斑驳效果

“阈值”命令可以将一幅灰度或彩色图像转换为高对比度的黑白图像。该命令可以制作黑白斑驳的图像效果，它能将一定的色阶指定为阈值，所有比该阈值亮的像素都会被转换为白色，所有比该阈值暗的像素都会被转换为黑色。运用“阈值”命令制作黑白斑驳效果的具体操作步骤如下：

（1）单击“文件”|“打开”命令，打开一幅人物素材图像，如图 9-43 所示。

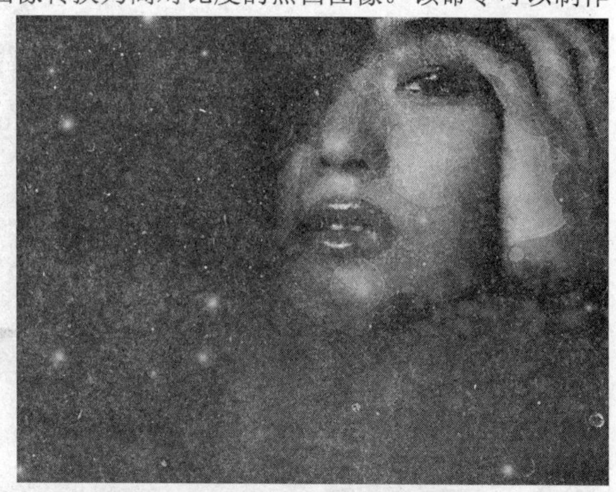

图 9-43　打开的素材图像

（2）单击“图像”|“调整”|“阈值”命令，弹出“阈值”对话框，在“阈值色阶”文本框中输入 85，如图 9-44 所示。

（3）单击“确定”按钮，即可制作黑白斑驳的效果，如图 9-45 所示。

图 9-44　“阈值”对话框

图 9-45　黑白斑驳的效果

9.3.7　运用“渐变映射”命令自定义照片颜色

“渐变映射”命令的主要功能是将相同的图像灰度范围映射到指定的渐变填充色。运用“渐变映射”命令自定义照片颜色的具体操作步骤如下：

（1）单击“文件”|“打开”命令，打开一幅人物素材图像，如图 9-46 所示。

（2）单击“图像”|“调整”|“渐变映射”命令，弹出“渐变映射”对话框，在“灰度映射所用的渐变”下拉面板中选择“黑，白渐变”选项，如图 9-47 所示。

图 9-46　打开的素材图像

（3）单击“确定”按钮，即可完成运用“渐变映射”命令自定义照片颜色的操作，如图 9-48 所示。

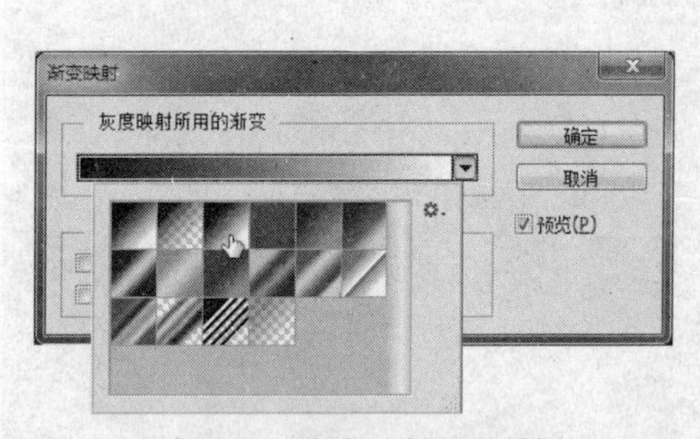

图 9-47 “渐变映射”对话框

图 9-48 自定义照片颜色

9.3.8 运用“可选颜色”命令调整图像色彩

“可选颜色”命令用于校正图像中的色彩不平衡和调整图像色彩，它是高档扫描仪和分色程序使用的一项色彩调整功能，可以有选择地修改任何主要颜色中的印刷色数量，而不会影响到其他主要颜色。运用“可选颜色”命令调整图像色彩的具体操作步骤如下：

图 9-49 打开的素材图像

（1）单击“文件”|“打开”命令，打开一幅人物素材图像，如图 9-49 所示。

（2）单击“图像”|“调整”|“可选颜色”命令，弹出“可选颜色”对话框，在其中设置各项参数，如图 9-50 所示。

（3）单击“确定”按钮，即可通过“可选颜色”命令调整图像色彩，如图 9-51 所示。

图 9-50 “可选颜色”对话框

图 9-51 调整图像色彩

专家指点

在“可选颜色”对话框的“方法”选项区中，选中“相对”单选按钮，可按总量的百分比更改现有的青色、洋红、黄色或黑色的含量；选中“绝对”单选按钮，以绝对值调整特定颜色中增加或减少的百分比数值。

9.3.9 运用“阴影/高光”命令显示图像细节

“阴影/高光”命令适用于校正由于强逆光而形成剪影的照片，或者校正由于太接近相机闪光灯而有些发白的局部图像。

运用“阴影/高光”命令显示图像细节的具体操作步骤如下：

（1）单击“文件”|“打开”命令，打开一幅船素材图像，如图 9-52 所示。

图 9-52 打开的素材图像

（2）单击“图像”|“调整”|“阴影/高光”命令，弹出“阴影/高光”对话框，在其中设置各项参数，如图 9-53 所示。

（3）单击“确定”按钮，即可通过“阴影/高光”命令显示图像的细节，如图 9-54 所示。

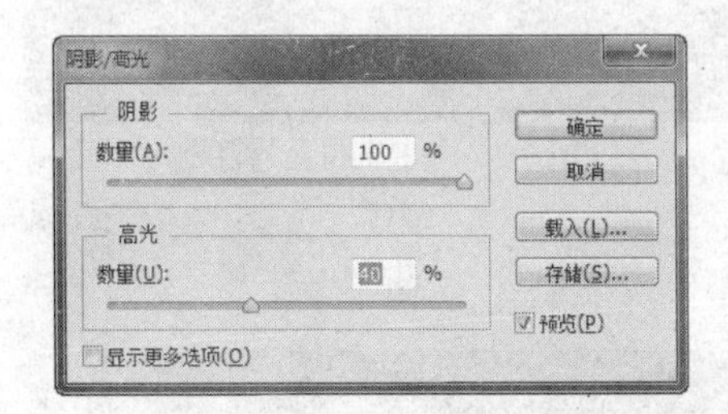

图 9-53 “阴影/高光”对话框

图 9-54 显示图像细节

9.3.10 运用“去色”命令制作黑白图像

“去色”命令用于将彩色图像转换为相同颜色模式下的灰度图像，该命令只能对当前图层或图像中的选区进行转化，并且不改变图像的颜色模式。运用“去色”命令制作黑白图像的具体操作步骤如下：

（1）单击“文件”|“打开”命令，打开一幅人物素材图像，如图 9-55 所示。

（2）单击“图像”|“调整”|“去色”命令，即可将彩色图像去色，制作黑白图像效果，如图 9-56 所示。

图 9-55　打开的素材图像

图 9-56　黑白图像效果

专家指点

通过按【Ctrl+Shift+U】组合键，也可对图像编辑窗口中的图像应用去色效果。

9.3.11 运用“变化”命令调整对比度与饱和度

“变化”命令能够调整图像或选区的色彩平衡、对比度和饱和度。该命令大多应用在不需要进行精确色彩调整的均匀色调图像上，但它不能应用于索引颜色图像。

图 9-57　打开的素材图像

（1）单击“文件”|“打开”命令，打开一幅高尔夫球素材图像，如图 9-57 所示。

（2）单击“图像”|“调整”|“变化”命令，弹出“变化”对话框，分别在“加深绿色”、“加深黄色”和“加深红色”缩略图上单击鼠标左键，如图 9-58 所示。

（3）单击“确定”按钮，即可通过“变化”命令调整图像的对比度与饱和度，如图 9-59 所示。

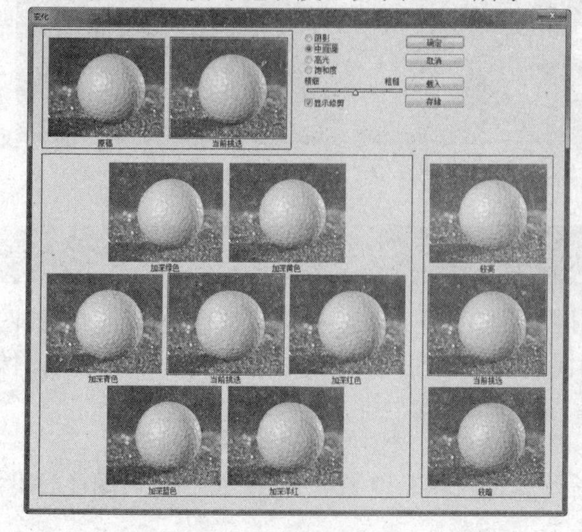

图 9-58 “变化”对话框

图 9-59　调整对比度与饱和度

9.3.12　运用“匹配颜色”命令统一图像色调

“匹配颜色”命令用于匹配多个图像之间、多个图层之间或者多个选区之间的颜色。使用该命令，可以通过更改亮度和色彩范围以及中和色痕来统一图像色调。运用“匹配颜色”命令统一图像色调的具体操作步骤如下：

（1）单击“文件”|“打开”命令，打开一幅帆船素材图像，如图 9-60 所示。

（2）单击“图像”|“调整”|“匹配颜色”命令，弹出“匹配颜色”对话框，在其中设置各项参数，如图 9-61 所示。

图 9-60　打开的素材图像

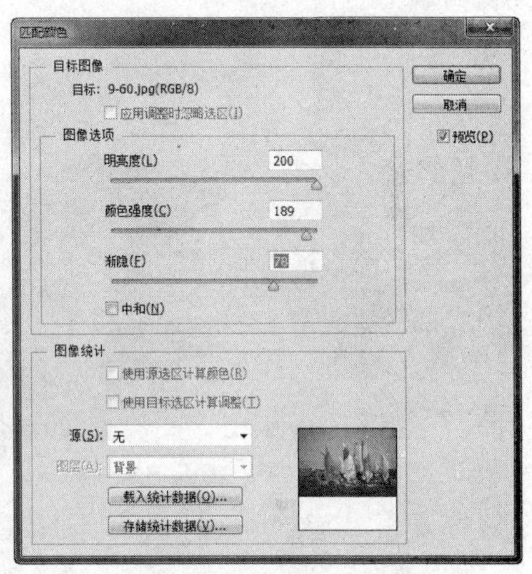

图 9-61　“匹配颜色”对话框

（3）单击“确定”按钮，即可通过“匹配颜色”命令统一图像色调，如图 9-62 所示。

图 9-62　统一图像色调

9.3.13　运用“替换颜色”命令改变图像色彩

“替换颜色”命令能够基于特定颜色在图像中创建蒙版来调整色相、饱和度和明度。也就是说，它能够将图像的全部或者选定区域的颜色用指定的颜色来替换。运用“替换颜色”命令改变图像色彩的具体操作步骤如下：

（1）单击“文件”|“打开”命令，打开一幅海螺素材图像，如图 9-63 所示。

（2）单击“图像”|“调整”|“替换颜色”命令，弹出“替换颜色”对话框，单击“添加到取样”按钮，将鼠标指针移至图像编辑窗口中海螺的橙色部分，依次在需要取样的颜色上单击鼠标左键，以取样颜色，并在“替换”选项区中设置各项参数，如图 9-64 所示。

图 9-63　打开的素材图像

图 9-64　“替换颜色”对话框

（3）单击“确定”按钮，即可通过“替换颜色”命令改变图像色彩，如图 9-65 所示。

图 9-65　改变图像色彩

9.6 课后习题

一、填空题

1．通过按__________组合键，也可对图像编辑窗口中的图像应用去色效果。

2．“色相/饱和度”命令可以调整整幅图像或图像中单个颜色成分的__________、饱和度和__________。

3．运用“黑白”、“________”、“通道混合器”、“反相”、“________”、“阈值”、“渐变映射”和“________”等命令可更改图像中的颜色或亮度值。

二、简答题

1．简述运用“色阶”命令加亮或加暗图像的方法。

2．将彩色图像转换为黑白图像的方法有哪些？

三、上机操作

1．使用“色相/饱和度”命令，为衣服换色，如图 9-66 所示。

图 9-66　衣服换色效果

关键提示：使用磁性套索工具在人物衣服处创建选区，然后调整“色相/饱和度”即可。

2．使用“替换颜色”命令，调整出如图 9-67 所示的效果。

图 9-67　苹果红了

关键提示：使用“替换颜色”命令，在“替换颜色”对话框中，取样苹果颜色区域，并调整色相/饱和度和明度值即可。

第 10 章　神奇的 Photoshop 滤镜

滤镜是一种插件模块，能够对图像中的像素进行操纵，也可以模拟一些特殊的光照效果或带有装饰性的纹理效果。应用滤镜特效可以使用户在处理图像的过程中能轻而易举地制作出各种绚丽效果。

10.1　滤镜的使用方法与技巧

Photoshop 的滤镜种类繁多，功能和应用也各不相同，但在使用方法上却有许多相似之处，了解并掌握这些方法和技巧，对提高用户的工作效率很有帮助。

10.1.1　使用滤镜的基本规则

所有滤镜都有各自的特点，用户必须掌握相应的操作要领，才能准确有效地使用滤镜功能。滤镜的基本使用原则如下：

- 上一次使用的滤镜显示在“滤镜”菜单顶部，按【Ctrl+F】组合键，可再次以相同参数应用该滤镜，按【Ctrl+Alt+F】组合键，可再次弹出滤镜对话框。
- 滤镜可应用于当前选区、当前图层或通道，若需要将滤镜应用于整个图层，则不需要选择任何图像区域。
- 个别滤镜只对 RGB 颜色模式图像起作用，不能将该滤镜应用于位图模式或索引模式图像，也有些滤镜不能应用于 CMYK 颜色模式图像。
- 有些滤镜完全是在内存中进行处理的，因此在处理高分辨率图像时非常消耗内存。

10.1.2　使用滤镜的方法与技巧

各滤镜的功能和作用各不相同，但使用方法和技巧有很多相同之处。

使用滤镜的方法

在应用滤镜的过程中，使用快捷键更方便，下面介绍一些快捷键的具体功能：

- 按【Esc】键，可以取消当前正在操作的滤镜。
- 按【Ctrl+Z】组合键，可以还原滤镜操作执行前的图像。
- 按【Ctrl+F】组合键，可以再次应用滤镜。
- 按【Ctrl+Alt+F】组合键，可以弹出上一次使用的滤镜的相应对话框。

使用滤镜的技巧

滤镜的功能非常强大，掌握以下使用技巧可以提高工作效率：

- 在图像的部分区域应用滤镜时，可创建选区，并对选区设置羽化值，再使用滤镜，以使选区图像与源图像能够较好地融合。
- 可以对单独的某一图层中的图像使用滤镜，通过色彩混合合成图像。
- 可以对单一色彩通道或 Alpha 通道使用滤镜，然后合成图像，或者将 Alpha 通道中的滤镜效果应用到背景图像中。

- 可以将多个滤镜组合使用，从而制作出精美的效果。
- 在工具箱中设置前景色和背景色，一般不会对滤镜的使用产生影响，不过在滤镜组中有些滤镜是例外的，它们创建的效果是通过使用前景色或背景色来设置的，所以在应用这些滤镜前，需要先设置好当前的前景色和背景色。

10.1.3 滤镜库

滤镜库是 Photoshop 提供给用户的一个快速应用滤镜的工具，它使滤镜的浏览、选择和应用变得更加直观和简单，使用该工具，可以完成快速添加多个滤镜的操作。单击“滤镜”|“滤镜库”命令，弹出滤镜库对话框，在中间的滤镜缩览图列表框中可选择任意滤镜样式，如图 10-1 所示。

图 10-1　滤镜库对话框

在该对话框中，各主要选项的含义如下：

- 图像预览窗口：可用于预览应用滤镜后的图像效果。
- 滤镜缩览图列表框：以缩略图的形式，列出了风格化、画笔描边、扭曲、素描、纹理和艺术效果等滤镜组的常用滤镜。
- 显示/隐藏滤镜缩览图按钮：单击该按钮，滤镜库对话框中的滤镜缩览图会隐藏，再次单击该按钮，可重新显示滤镜缩览图。
- 滤镜下拉列表框：该下拉列表框包含了滤镜缩览图列表框中的所有滤镜。
- 滤镜参数：选择不同的滤镜样式，所显示出的滤镜参数有所不同。
- 应用到图像上的滤镜列表：该列表按先后顺序，列出了当前所有应用到图像上的滤镜。

10.2 智能滤镜

智能滤镜是指应用于智能对象上的滤镜，应用智能滤镜，所保存的是滤镜的参数和设置，而不是图像应用滤镜的效果。

10.2.1 创建智能滤镜

在创建智能滤镜前，需要先将图层转换为智能对象。创建智能滤镜的具体操作步骤如下：

（1）按【Ctrl+O】组合键，打开一幅素材图像，如图 10-2 所示。

（2）单击“滤镜”|“转换为智能滤镜”命令，弹出提示信息框，直接单击“确定”按钮，此时在“图层”面板中相应图层缩略图的右下角将显示一个智能图标，如图 10-3 所示。

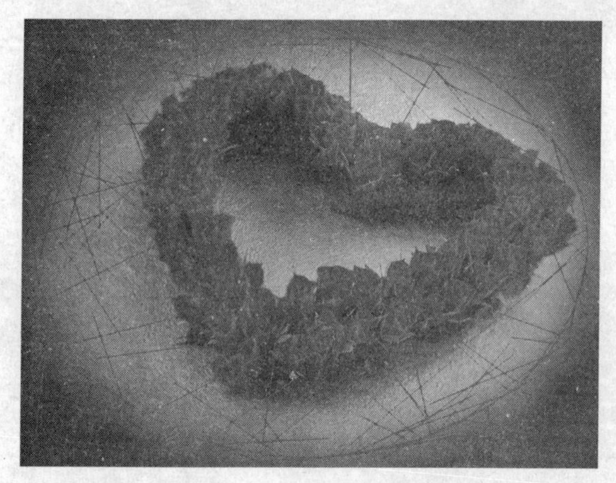

图 10-2　打开的素材图像

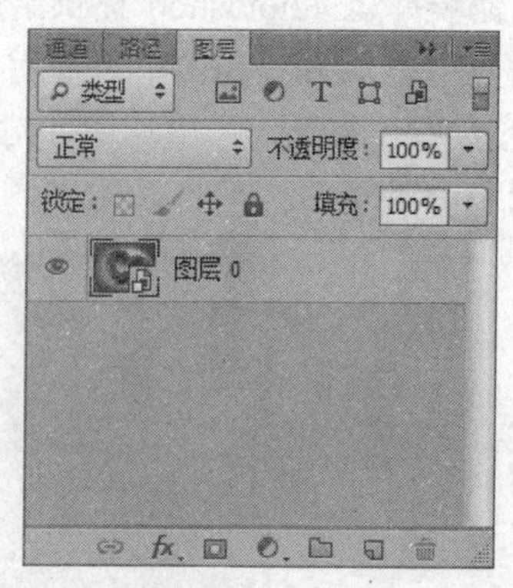

图 10-3　显示智能图标

（3）运用工具箱中的快速选择工具选择心形图像，如图 10-4 所示。

（4）单击“选择”|“反向”命令，反向选择图像，再单击“滤镜”|“模糊”|“径向模糊”命令，弹出“径向模糊”对话框，并设置其参数，如图 10-5 所示。

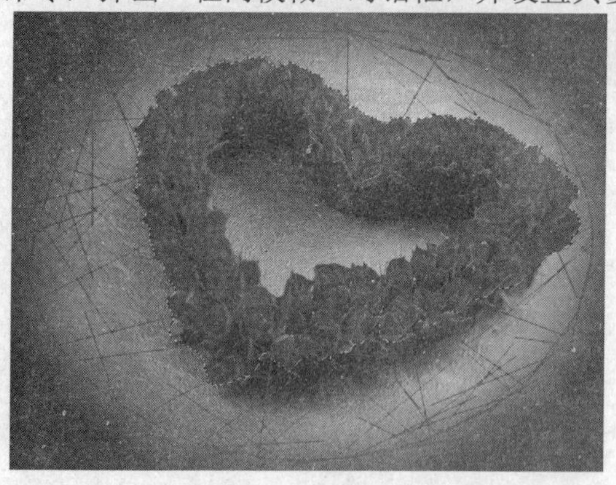

图 10-4　选择图像

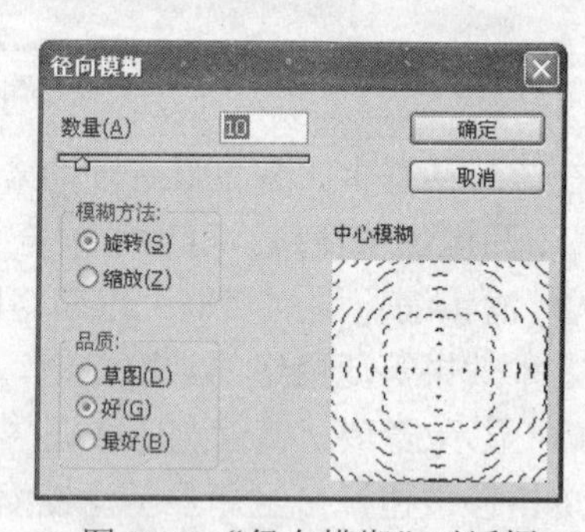

图 10-5　“径向模糊”对话框

（5）单击“确定”按钮，即可对图像应用“径向模糊”滤镜，效果如图 10-6 所示。

（6）在“图层”面板的智能图层下方，将显示智能滤镜列表（如图 10-7 所示），其中的滤镜蒙版为创建的选区。

专家指点

用户创建智能滤镜后，在应用滤镜的过程中，若发现某个滤镜的参数设置不当、滤镜前后次序颠倒，或某个滤镜不再需要时，就可以像更改图层样式一样，将该滤镜关闭或者重新设置滤镜参数。

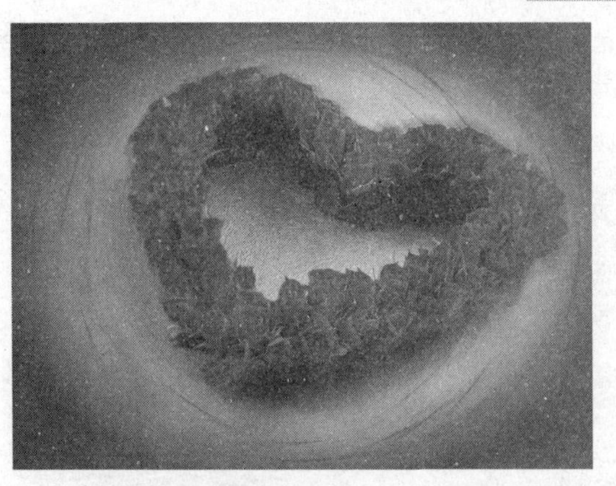

图 10-6　应用“径向模糊”滤镜

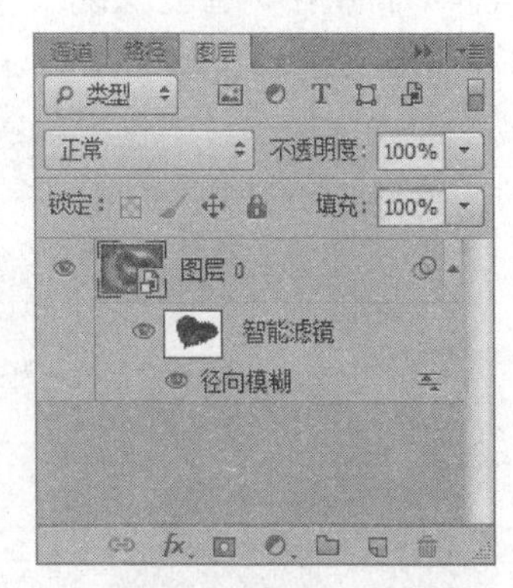

图 10-7　智能滤镜列表

10.2.2 编辑智能滤镜

对图像应用智能滤镜后，用户可以根据需要对智能滤镜的相应属性进行编辑，其具体操作方法如下：

（1）在“图层”面板的“径向模糊”子图层上单击鼠标右键，在弹出的快捷菜单中选择“编辑智能滤镜混合选项”选项，弹出“混合选项”对话框，在其中进行相应的设置，如图 10-8 所示。

（2）单击“确定”按钮，即可完成对智能滤镜的编辑，如图 10-9 所示。

图 10-8　“混合选项”对话框

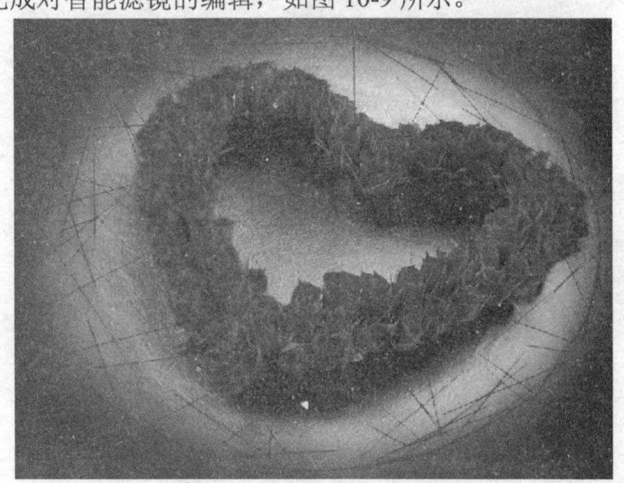

图 10-9　完成对智能滤镜的编辑

10.2.3 停用与启用智能滤镜

通过“停用智能滤镜”和“启用智能滤镜”两个选项，用户可以对滤镜的隐藏与显示进行控制。

（1）按【Ctrl+O】组合键，打开一个素材图像文件，如图 10-10 所示。

（2）在“图层”面板的“智能滤镜”子图层上单击鼠标右键，弹出快捷菜单，选择“停用智能滤镜”选项，如图 10-11 所示。

（3）即可停用当前的智能滤镜，如图 10-12 所示。

（4）再次在“智能滤镜”子图层上单击鼠标右键，在弹出的快捷菜单中选择“启用智能滤镜”选项（如图 10-13 所示），即可重新启用智能滤镜。

图 10-10　打开的素材图像

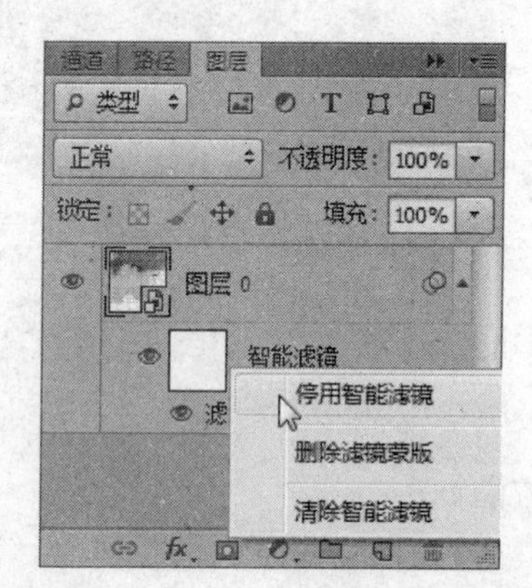

图 10-11　选择“停用智能滤镜”选项

图 10-12　停用智能滤镜后的效果

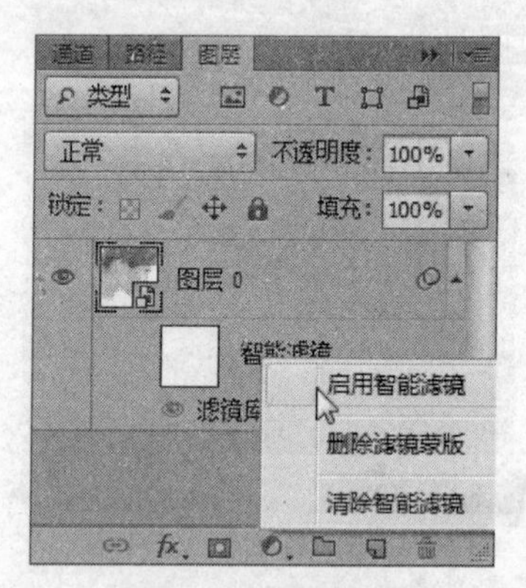

图 10-13　选择“启用智能滤镜”选项

10.2.4　删除智能滤镜

若用户不再需要已经添加的智能滤镜，则可对其进行删除操作。删除智能滤镜的具体操作步骤如下：

（1）将鼠标指针移至“图层”面板的“马赛克拼贴”子图层上，单击鼠标右键，在弹出的快捷菜单中选择“删除智能滤镜”选项，如图 10-14 所示。

（2）操作完成后，即可删除智能滤镜，如图 10-15 所示。

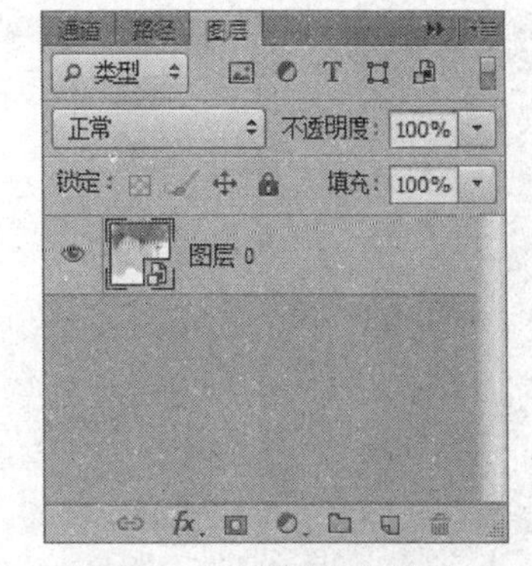

编辑智能滤镜混合选项...
编辑智能滤镜...
停用智能滤镜
删除智能滤镜

图 10-14　选择“删除智能滤镜”选项　　　　图 10-15　删除智能滤镜

10.3 特殊滤镜

特殊滤镜是相对众多滤镜组中的滤镜而言的，其相对独立，但功能强大，使用频率也较高。本节分别介绍两大特殊滤镜：“液化”滤镜和“消失点”滤镜的使用方法与技巧。

10.3.1 “液化”滤镜

“液化”滤镜可以逼真地模拟液体流动的效果，用户可以利用它制作弯曲、漩涡、扩展、收缩、移位及反射等效果。应用“液化”滤镜的具体操作步骤如下：

（1）按【Ctrl+O】组合键，打开一幅素材图像，如图 10-16 所示。

（2）单击“滤镜”|“液化”命令，弹出“液化”对话框，将鼠标指针移至预览窗口的紫色眼影上，按住鼠标左键并拖曳（如图 10-17 所示），至合适位置后释放鼠标左键，液化变形图像对象。

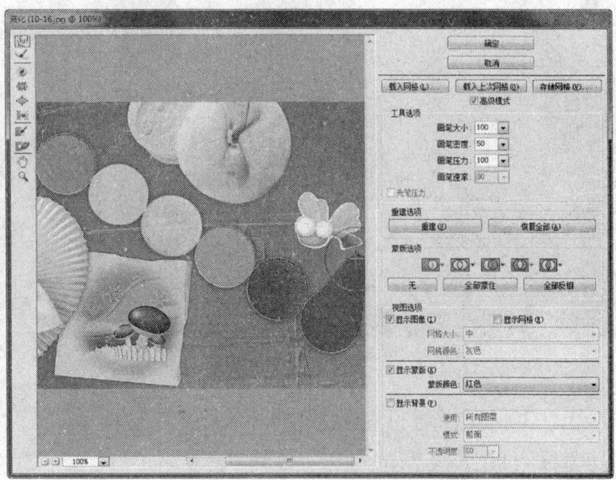

图 10-16　打开的素材图像　　　　图 10-17　“液化”对话框

（3）用与上述相同的方法，对预览窗口中其他颜色的眼影进行液化变形，如图 10-18 所示。

（4）单击“确定”按钮，即可将预览窗口中的液化变形应用到图像编辑窗口中的图像上，效果如图 10-19 所示。

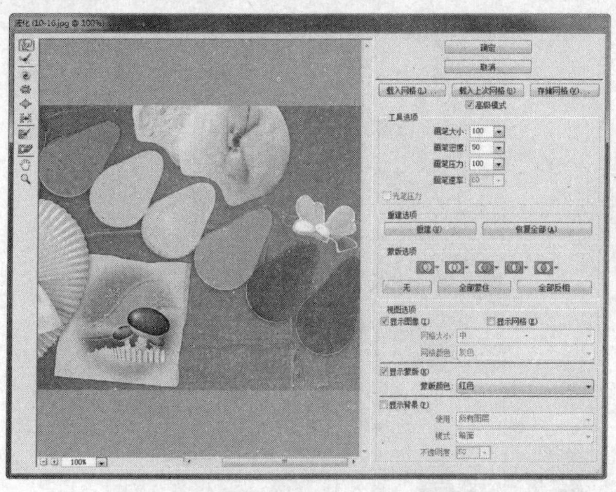

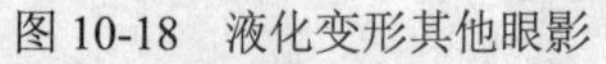
图 10-18　液化变形其他眼影

图 10-19　应用“液化”滤镜后的效果

10.3.2 “消失点”滤镜

“消失点”滤镜允许用户对包含透视面的图像（建筑物侧面或任何矩形对象）进行编辑，并使图像保持原来的透视效果。应用“消失点”滤镜的具体操作步骤如下：

（1）按【Ctrl+O】组合键，打开一幅素材图像，如图 10-20 所示。

（2）单击“滤镜”|“消失点”命令，弹出“消失点”对话框，选择对话框左侧的“创建平面”工具，在预览窗口中创建一个网格平面，如图 10-21 所示。

图 10-20　打开的素材图像

图 10-21　创建网格平面

（3）选择对话框左侧的“图章”工具，设置相应的属性，并在“修复”下拉列表框中选择“明亮度”选项，然后将鼠标指针移至预览窗口的合适位置，按住【Alt】键的同时单击鼠标左键进行取样，如图 10-22 所示。

（4）将鼠标指针移至需要进行修复的图像区域，单击鼠标左键修复图像区域，如图 10-23 所示。

（5）用与上述相同的方法，修复预览窗口中的其他图像区域，如图 10-24 所示。

（6）单击“确定”按钮，即可应用“消失点”滤镜修复图像，如图 10-25 所示。

图 10-22　图像取样

图 10-23　修复图像区域

图 10-24　修复其他图像区域

图 10-25　应用“消失点”滤镜后的效果

10.4　常用滤镜

在 Photoshop 中包括扭曲、像素化、杂色、模糊、渲染、画笔描边、素描、纹理、艺术效果等常用的滤镜，用户使用这些滤镜可以给图像添加各种意想不到的效果

10.4.1　“扭曲”滤镜

“扭曲”滤镜的主要功能是按照一定方式在几何意义上扭曲一幅图像，如非正常拉伸、扭曲等，以产生模拟水波、镜面反射和火光等自然效果。应用“扭曲”滤镜组中的“扩散亮光”滤镜的具体操作步骤如下：

（1）按【Ctrl+O】组合键，打开一幅素材图像，如图 10-26 所示。

（2）单击“滤镜”|“滤镜库”命令，弹出滤镜库对话框，在“扭曲”滤镜组中选择“扩散亮光”滤镜，并设置其相应参数，如图 10-27 所示。

图 10-26　打开的素材图像

（3）单击“确定”按钮，即可应用“扭曲”滤镜组中的“扩散亮光”滤镜，效果如图 10-28 所示。

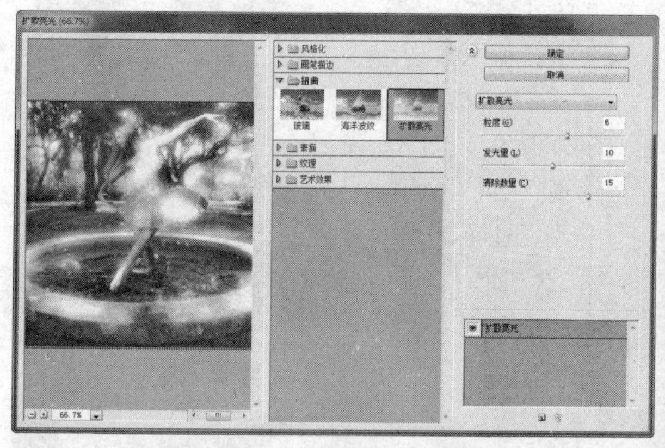

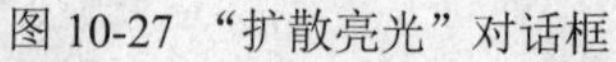

图 10-27 “扩散亮光”对话框

图 10-28 “扩散亮光”滤镜效果

根据设计的需要，用户也可以应用“玻璃”和“球面化”滤镜，效果如图 10-29 所示。

图 10-29 应用“玻璃”和“球面化”滤镜后的图像

10.4.2 “像素化”滤镜

“像素化”滤镜主要用来为图像平均分配色度，通过使单元格中颜色相近的像素结成块来清晰地定义一个选区，从而使图像产生点状、马赛克及碎片等效果。应用“像素化”滤镜组中的“马赛克”滤镜的具体操作步骤如下：

（1）按【Ctrl+O】组合键，打开一幅素材图像，如图 10-30 所示。

（2）单击“滤镜”|“像素化”|“马赛克”命令，弹出“马赛克”对话框，设置“单元格大小”为 5 方形，如图 10-31 所示。

（3）单击“确定”按钮，即可应用“像素化”滤镜组中的“马赛克”滤镜，效果如图 10-32 所示。

图 10-30 打开的素材图像

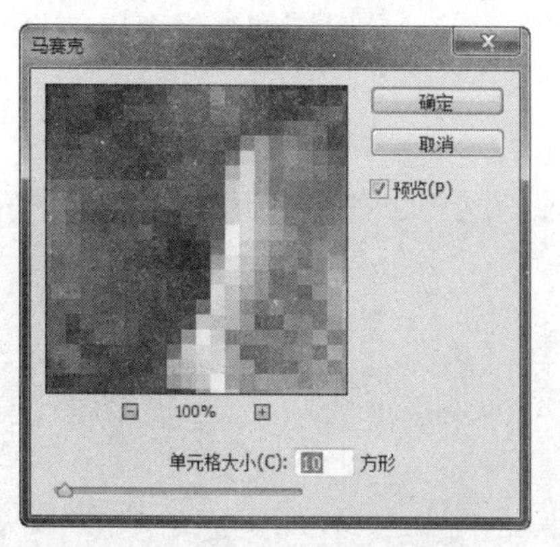

图 10-31　“马赛克”对话框

图 10-32　“马赛克”滤镜效果

根据设计的需要，用户也可以应用“晶格化”和“点状化”滤镜，效果如图 10-33 所示。

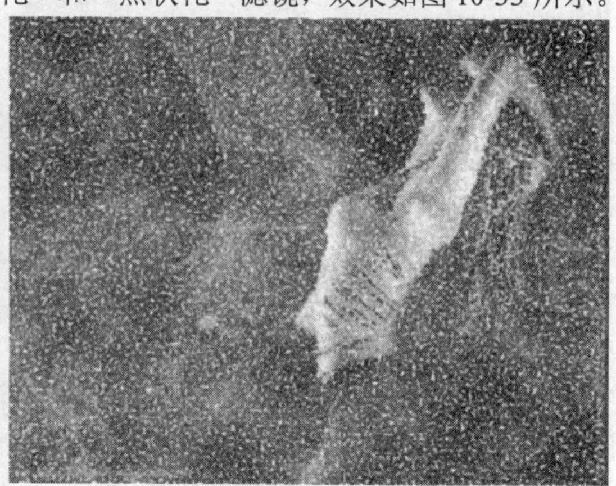

图 10-33　应用“晶格化”和“点状化”滤镜后的图像

10.4.3 “杂色”滤镜

“杂色”滤镜用于为图像添加杂点，使其产生色彩漫散的效果，还可以用于去除图像中的杂点。应用“杂色”滤镜组中的“蒙尘与划痕”滤镜的具体操作步骤如下：

（1）单击“文件”|“打开”命令，打开一幅素材图像，如图 10-34 所示。

（2）单击“滤镜”|“杂色”|“蒙尘与划痕”命令，弹出“蒙尘与划痕”对话框，设置各选项如图 10-35 所示。

图 10-34　素材图像

图 10-35　“蒙尘与划痕”对话框

（3）单击“确定”按钮，即可应用“蒙尘与划痕”滤镜，此时图像编辑窗口中的图像效果如图 10-36 所示。

根据设计的需要，用户也可以应用“中间值”滤镜，效果如图 10-37 所示。

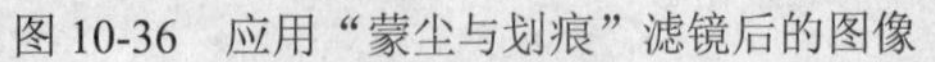

图 10-36　应用“蒙尘与划痕”滤镜后的图像　　图 10-37　应用“中间值”滤镜后的图像

10.4.4 “模糊”滤镜

“模糊”滤镜可以使图像中过于清晰或对比度过于强烈的区域，产生模糊的效果，常用来柔化选区或整幅图像，以产生平滑过渡效果。应用“模糊”滤镜组中的“径向模糊”滤镜的具体操作步骤如下：

（1）按【Ctrl+O】组合键，打开一幅素材图像，运用椭圆选框工具，在图像编辑窗口的合适位置创建一个椭圆选区，单击“选择”|“修改”|“羽化”命令，弹出“羽化选区”对话框，设置“羽化半径”为 20 像素，单击“确定”按钮，羽化选区，如图 10-38 所示。

（2）单击“滤镜”|“模糊”|“动感模糊”命令，弹出“动感模糊”对话框，设置“距离”为 25 像素，如图 10-39 所示。

（3）单击“确定”按钮，即可应用“模糊”滤镜组中的“动感模糊”滤镜，效果如图 10-40 所示。

图 10-38　羽化选区

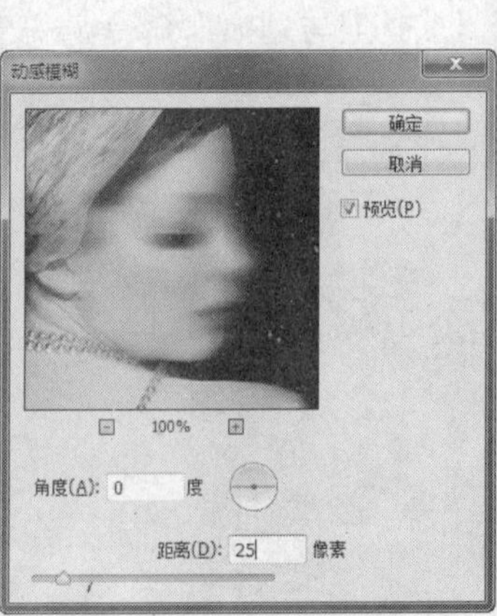

图 10-39　“动感模糊”对话框

图 10-40　应用“动感模糊”滤镜效果

根据设计的需要，用户也可以应用“径向模糊”和“特殊模糊”滤镜，效果如图 10-41 所示。

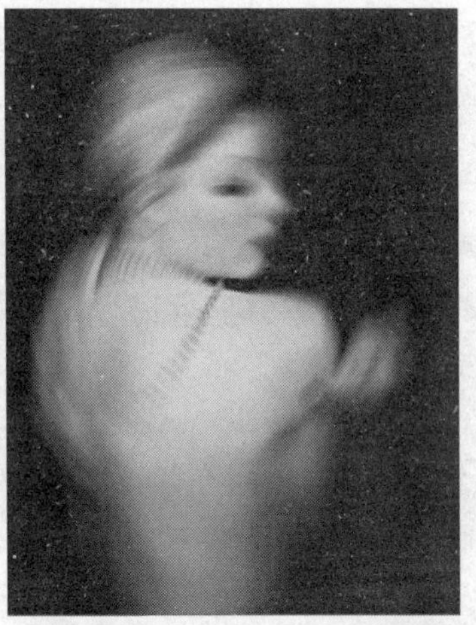

图 10-41　应用“径向模糊”和“特殊模糊”滤镜后的图像

10.4.5 “渲染”滤镜

“渲染”滤镜组可以在图像中产生照明效果，常用于创建 3D 形状、云彩图案和折射图案等，它还可以模拟光的效果，同时产生不同的光源效果和夜景效果等。应用“渲染”滤镜组中的“镜头光晕”滤镜的具体操作步骤如下：

（1）按【Ctrl+O】组合键，打开一幅素材图像，如图 10-42 所示。

图 10-42　打开的素材图像

（2）单击“滤镜”|“渲染”|“镜头光晕”命令，弹出“镜头光晕”对话框，将预览窗口中的光晕中心移至合适位置，并设置“亮度”为 100%，如图 10-43 所示。

（3）单击“确定”按钮，即可应用“渲染”滤镜组中的“镜头光晕”滤镜，效果如图 10-44 所示。

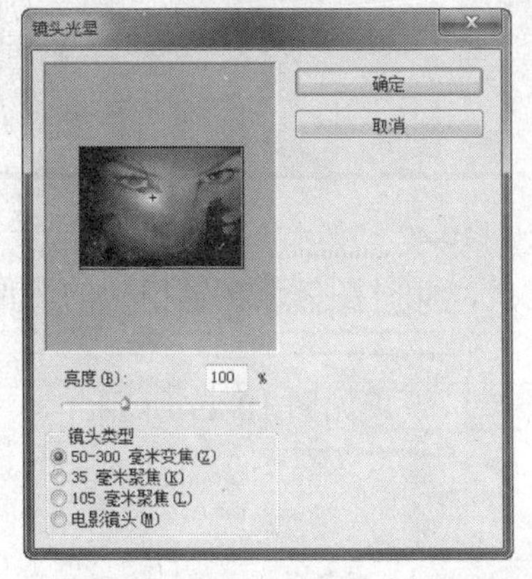

图 10-43　“镜头光晕”对话框

图 10-44　“镜头光晕”滤镜效果

根据设计的需要，用户也可以应用“光照效果”和“分层云彩”滤镜，效果如图 10-45 所示。

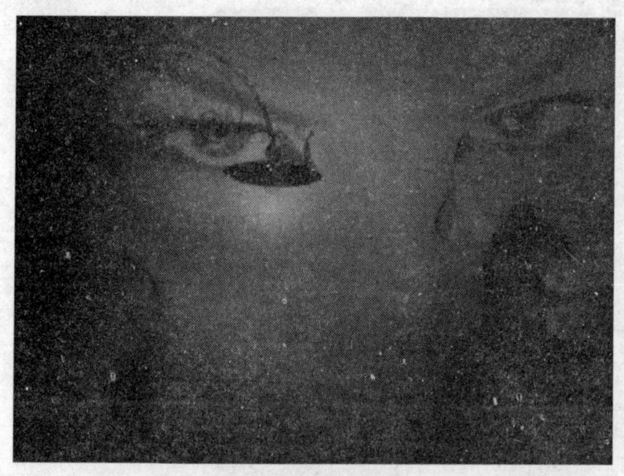
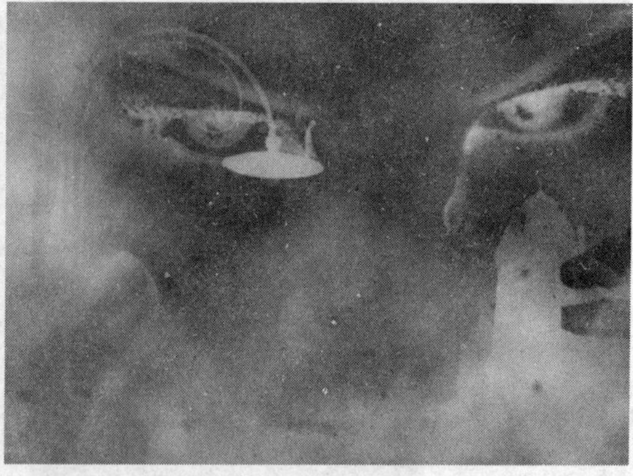

图 10-45　应用“光照效果”和“分层云彩”滤镜后的图像

10.4.6 “画笔描边”滤镜

“画笔描边”滤镜通过使用不同的画笔和油墨描边效果，在图像中添加颗粒、绘画、杂色、边缘细节或纹理效果，用来模拟自然绘画效果的外观。应用“画笔描边”滤镜组中的“墨水轮廓”滤镜的具体操作步骤如下：

（1）单击“文件”|“打开”命令，打开一幅素材图像，如图 10-46 所示。

（2）单击“滤镜”|“滤镜库”命令，弹出滤镜库对话框，在“画笔描边”滤镜组中选择“墨水轮廓”滤镜，然后设置“描边长度”为 27、“深色强度”为 28、“光照强度”为 35，如图 10-47 所示。

图 10-46　素材图像

图 10-47　“墨水轮廓”对话框

（3）单击“确定”按钮，即可应用“墨水轮廓”滤镜，此时图像编辑窗口中的图像效果如图 10-48 所示。

根据设计的需要，用户也可以应用“强化的边缘”滤镜，效果如图 10-49 所示。

专家指点

“强化的边缘”滤镜可以对图像中不同颜色之间的边缘进行强化处理。

图 10-48　应用“墨水轮廓”滤镜后的图像

图 10-49　应用“强化的边缘”滤镜后的图像

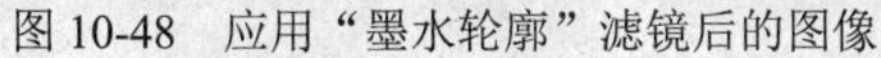

10.4.7 “素描”滤镜

“素描”滤镜组中的滤镜可以通过为图像增加纹理或使用其他方式重绘图像，最终获得手绘图像的效果。应用“素描”滤镜组中的“便条纸”滤镜的具体操作步骤如下：

（1）按【Ctrl+O】组合键，打开一幅素材图像，如图 10-50 所示。

（2）单击“滤镜”|“滤镜库”命令，弹出滤镜库对话框，在“素描”滤镜组中选择“便条纸”滤镜，在其中设置各项参数，如图 10-51 所示。

（3）单击“确定”按钮，即可应用“素描”滤镜组中的“便条纸”滤镜，效果如图 10-52 所示。

图 10-50　打开的素材图像

图 10-51　“便条纸”对话框

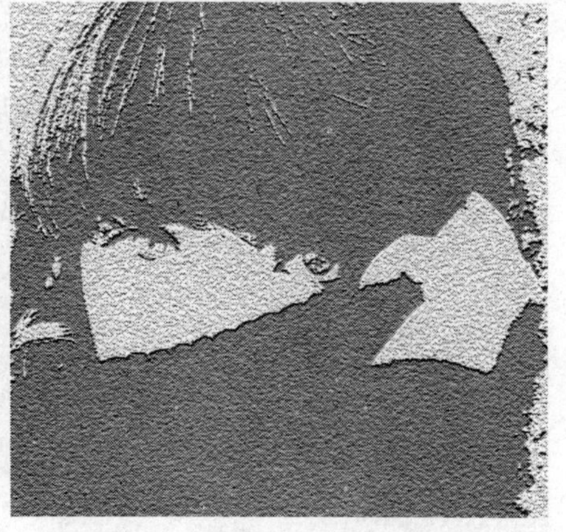

图 10-52　“便条纸”滤镜效果

专家指点

“便条纸”滤镜可以使图像产生一种类似于浮雕的凹陷效果。

根据设计的需要，用户也可以应用“影印”和“水彩画纸”滤镜，效果如图 10-53 所示。

图 10-53 应用“影印”和“水彩画纸”滤镜后的图像

10.4.8 “纹理”滤镜

“纹理”滤镜组主要用来给图像添加各式各样的纹理图案，用于制作深度感或材质感较强的效果，包括颗粒、马赛克拼贴、拼缀图、染色玻璃和纹理化等。应用“纹理”滤镜组中的“龟裂缝”滤镜的具体操作步骤如下：

（1）按【Ctrl+O】组合键，打开一幅素材图像，如图 10-54 所示。

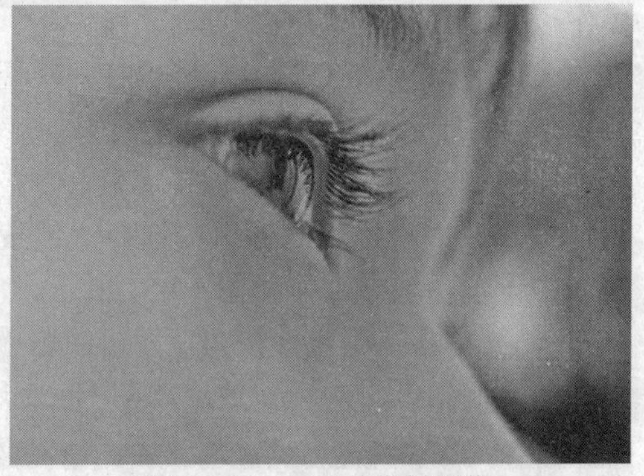

图 10-54 打开的素材图像

（2）单击“滤镜”|“滤镜库”命令，弹出滤镜库对话框，在“纹理”滤镜组中选择“龟裂缝”滤镜，在其中设置各参数，如图 10-55 所示。

（3）单击“确定”按钮，即可应用“纹理”滤镜组中的“龟裂缝”滤镜，效果如图 10-56 所示。

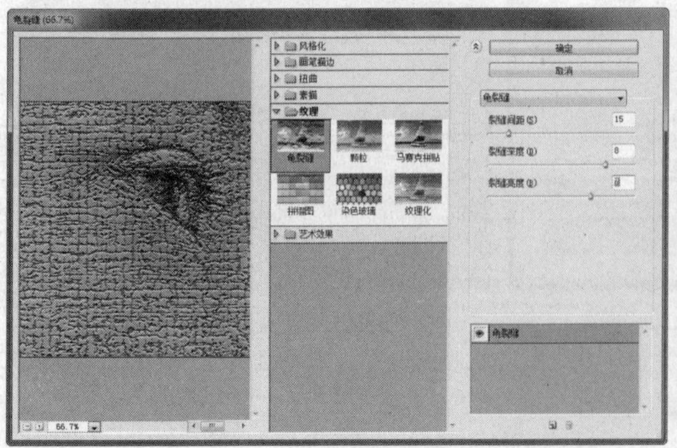

图 10-55 “龟裂缝”对话框

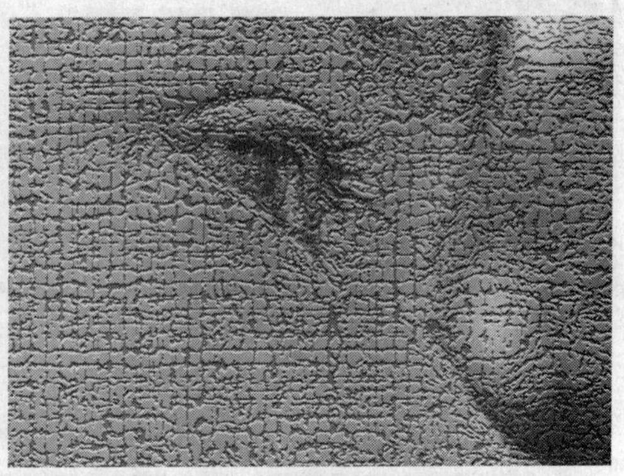

图 10-56 “龟裂缝”滤镜效果

根据设计的需要，用户也可应用“马赛克拼贴”和“颗粒”滤镜，效果如图 10-57 所示。

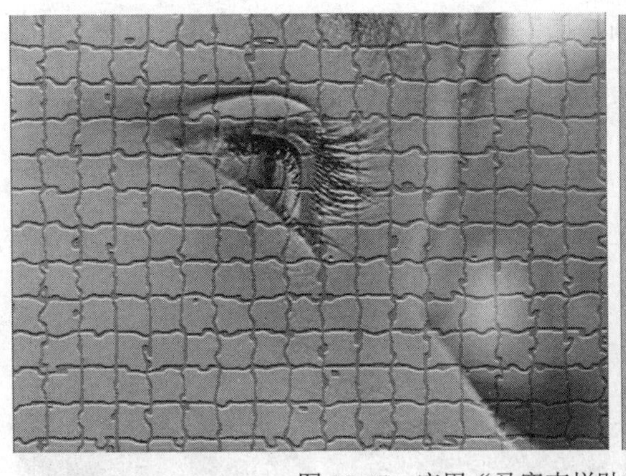
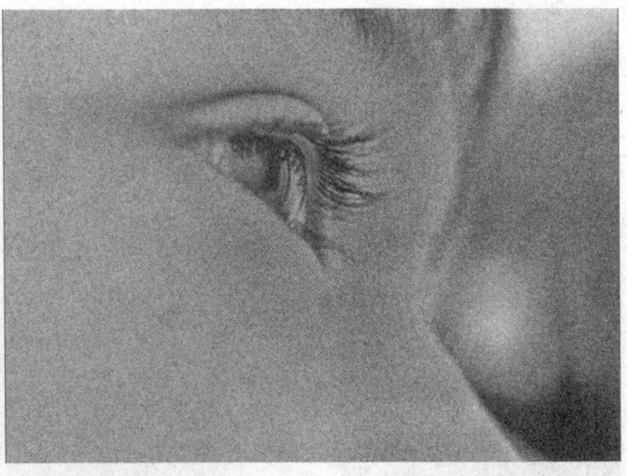

图 10-57 应用“马赛克拼贴”和“颗粒”滤镜后的图像

专家指点

“马赛克拼贴”滤镜可以将图像分割成许多小片或块，在片与片、块与块之间添加深色的缝隙。

10.4.9 “艺术效果”滤镜

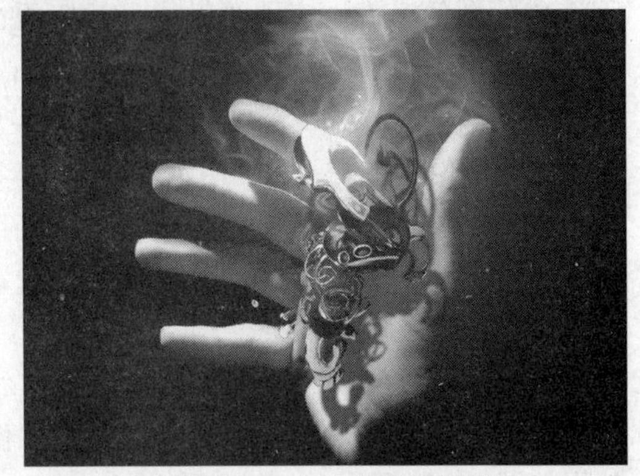

图 10-58 打开的素材图像

“艺术效果”滤镜组通过模拟彩色铅笔、蜡笔画、油画以及木刻作品，为商业项目制作特殊的绘画效果，使图像产生不同风格的艺术效果。应用“艺术效果”滤镜组中的“海报边缘”滤镜的具体操作步骤如下：

（1）按【Ctrl+O】组合键，打开一幅素材图像，如图 10-58 所示。

（2）单击“滤镜”|“滤镜库”命令，弹出滤镜库对话框，在“艺术效果”滤镜组中选择“海报边缘”滤镜，然后在其中设置各参数，如图 10-59 所示。单击“确定”按钮，即可应用“海报边缘”滤镜，效果如图 10-60 所示。

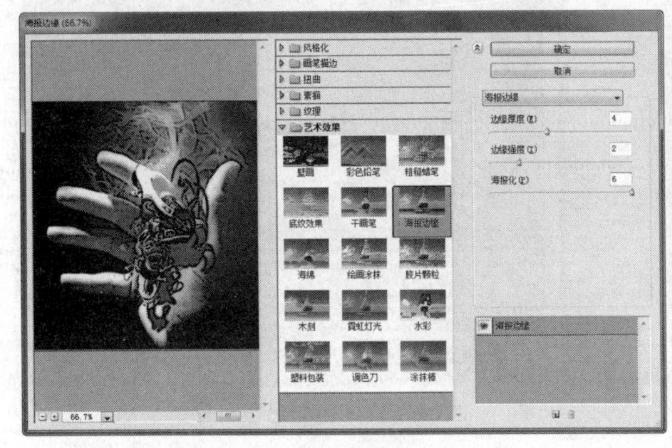

图 10-59 “海报边缘”对话框

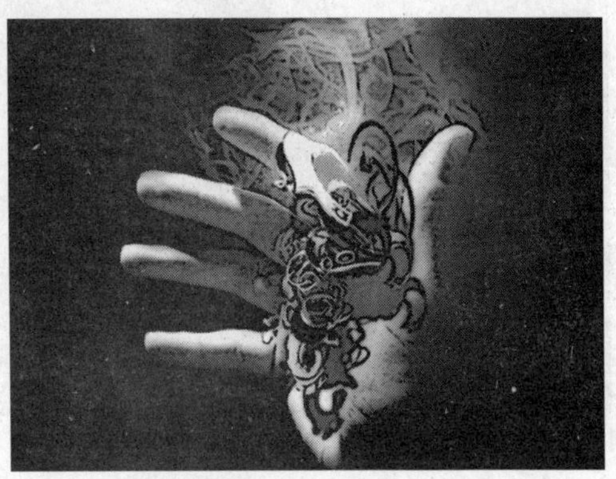

图 10-60 “海报边缘”滤镜效果

根据设计的需要，用户也可以应用“绘画涂抹”和“粗糙蜡笔”滤镜，效果如图 10-61 所示。

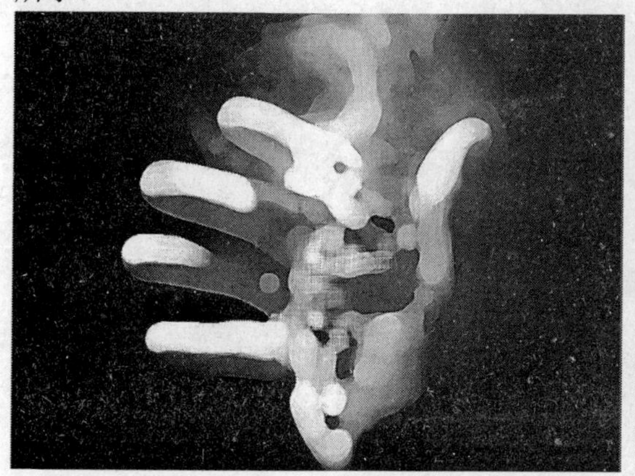
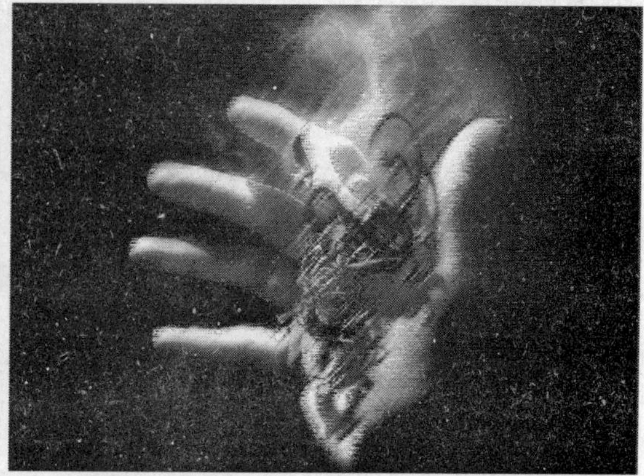

图 10-61　应用“绘画涂抹”和“粗糙蜡笔”滤镜后的图像

10.4.10 “锐化”滤镜

“锐化”滤镜组可以通过增加图像相邻像素的对比度来聚焦模糊的图像，使模糊的图像变得清晰，常用于处理由于摄影及扫描等原因造成的图像模糊。应用“锐化”滤镜组中的“智能锐化”滤镜的具体操作步骤如下：

（1）单击“文件”|“打开”命令，打开一幅素材图像，如图 10-62 所示。

（2）单击“滤镜”|“锐化”|“智能锐化”命令，弹出“智能锐化”对话框，设置各选项如图 10-63 所示。

（3）单击“确定”按钮，即可应用“智能锐化”滤镜，此时图像编辑窗口中的图像效果如图 10-64 所示。

图 10-62　素材图像

图 10-63　“智能锐化”对话框

图 10-64　“智能锐化”滤镜效果

根据设计的需要，用户也可以应用“锐化边缘”和“USM 锐化”滤镜，效果如图 10-65

所示。

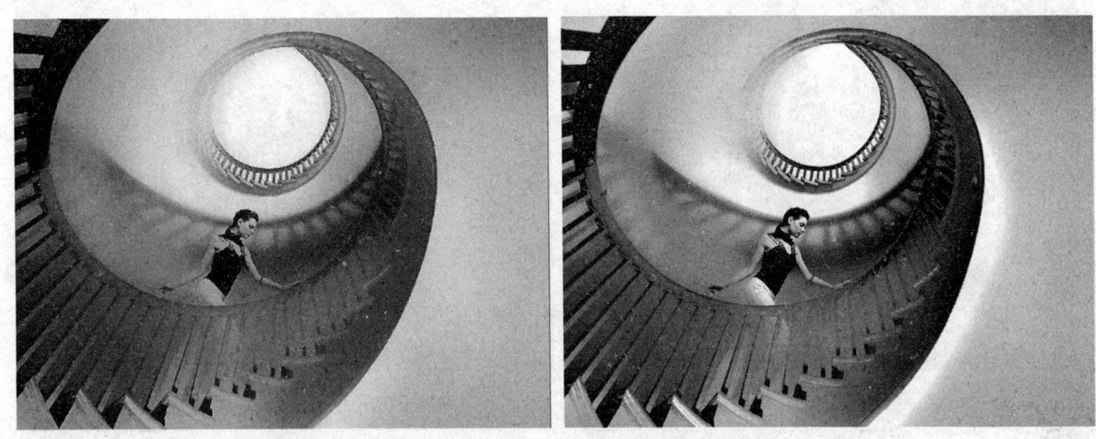

图 10-65　应用“锐化边缘”和“USM 锐化”滤镜后的图像

专家指点

“USM 锐化”滤镜是在图像中用于锐化边缘的传统胶片复合技术，它是专业色彩校正、照片重排及扫描时经常使用的锐化滤镜，其能使图像产生边缘轮廓锐化的效果。

10.4.11 “风格化”滤镜

“风格化”滤镜组的作用是通过移动选区内图像的像素，提高图像的对比度，从而产生印象派或其他风格作品的效果。应用“风格化”滤镜组中的“风”滤镜的具体操作步骤如下：

（1）单击“文件”|“打开”命令，打开一幅素材图像，如图 10-66 所示。

（2）单击“滤镜”|“风格化”|“风”命令，弹出“风”对话框，设置各选项如图 10-67 所示。

图 10-66　素材图像

图 10-67　“风”对话框

（3）单击“确定”按钮，即可应用“风”滤镜，此时图像编辑窗口中的图像效果如图 10-68 所示。

根据设计的需要，用户也可以应用“拼贴”滤镜，效果如图 10-69 所示。

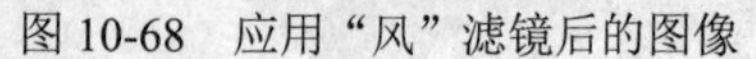

图 10-68　应用“风”滤镜后的图像　　　图 10-69　应用“拼贴”滤镜后的图像

专家指点

Photoshop 除了自身所拥有的众多滤镜外，还允许用户安装第 3 方提供的外挂滤镜，运用这些外挂滤镜，可以制作出更多的特殊效果。

10.5　课后习题

一、填空题

1．按__________组合键，可再次以相同参数应用该滤镜；按__________组合键，可再次打开相应的滤镜对话框。

2．“扭曲”滤镜的主要功能是按照各种方式在几何意义上扭曲一幅图像，如非正常拉伸、__________等，以产生模拟水波、__________和火光等自然效果。

3．“模糊”滤镜可以使图像中过于清晰或对比度过于强烈的区域，产生__________的效果，常用来柔化选区或整幅图像，以产生__________效果。

二、简答题

1．简述滤镜的使用原则。

2．简述在 Photoshop 中创建与编辑智能滤镜的方法。

三、上机操作

1．制作一幅素描图像效果，如图 10-70 所示。

图 10-70　素描图像效果

关键提示：首先给图像添加杂色及动感模糊，然后调整图像的“色相/饱和度”，再使用“绘图笔”滤镜，通过调整各参数来制作素描效果。

2．给图像制作炫目的霓虹灯效果，如图 10-71 所示。

图 10-71　霓虹灯效果

关键提示：打开素材图像，调整图像色阶，然后执行“强化的边缘”滤镜效果即可。

附录　习题答案

第 1 章

一、填空题

1. 向量图像、线、图块、色彩信息
2. 像素/英寸
3. 质量、大、清晰

二、简答题（略）

三、上机操作（略）

第 2 章

一、填空题

1.【Ctrl＋N】、【Ctrl＋S】、【Ctrl＋O】
2.“删除裁剪的图像”
3.【Alt＋Delete】、【Alt＋Backspace】、【Ctrl＋Delete】、【Ctrl＋Backspace】

二、简答题（略）

三、上机操作（略）

第 3 章

一、填空题

1.【Shift】、【Alt】
2. 磁性套索工具
3.【Shift】

二、简答题（略）

三、上机操作（略）

第 4 章

一、填空题

1. 线性渐变、对称渐变、菱形渐变
2.“窗口”、“画笔”
3. 背景色

二、简答题（略）

三、上机操作（略）

第 5 章

一、填空题

1. 背景图层、文字图层、调整图层、蒙版图层
2. 普通图层
3.“外发光”

二、简答题（略）

三、上机操作（略）

第 6 章

一、填空题

1. 圆角矩形工具、多边形工具、自定形状工具
2. 自由钢笔工具
3.【Ctrl＋Enter】

二、简答题（略）

三、上机操作（略）

第 7 章

一、填空题

1.【Ctrl＋Enter】
2.“文字”
3. 排列方式、段落间距

二、简答题（略）

三、上机操作（略）

第 8 章

一、填空题

1．颜色通道、专色通道

2．“图层蒙版”、“添加图层蒙版”

3．【Shift】

二、简答题（略）

三、上机操作（略）

第 9 章

一、填空题

1．【Ctrl＋Shift＋U】

2．色相、明度

3．“照片滤镜”、“色调分离”、“可选颜色”

二、简答题（略）

三、上机操作（略）

第 10 章

一、填空题

1．【Ctrl+F】、【Ctrl+Alt+F】

2．扭曲、镜面反射

3．模糊、平滑过渡

二、简答题（略）

三、上机操作（略）

亲爱的读者：

衷心感谢您购买和阅读了我们的图书，为了给您提供更好的服务，帮助我们改进和完善图书出版，请您抽出宝贵时间填写本表，十分感谢。

读者资料

姓名：_____________ 性别：□男 □女 年龄：______ 文化程度：___________

职业：_____________ 电话：_________________ 电子信箱：_____________________

通信地址：___________________________________ 邮编：_______________________

调查信息

1. 您是如何得知本书的：

□网上书店 □书店 □图书网站 □网上搜索

□报纸/杂志 □他人推荐 □其他

2. 您对电脑的掌握程度：

□不懂 □基本掌握 □熟练应用 □专业水平

3. 您想学习哪些电脑知识：

□基础入门 □操作系统 □办公软件 □图像设计

□网页设计 □三维设计 □数码照片 □视频处理

□编程知识 □黑客安全 □网络技术 □硬件维修

4. 您决定购买本书有哪些因素：

□书名 □作者 □出版社 □定价

□封面版式 □印刷装帧 □封面介绍 □书店宣传

5. 您认为哪些形式使学习更有效果：

□图书 □上网 □语音视频 □多媒体光盘 □培训班

6. 您认为合理的价格：

□低于 20 元 □20～29 元 □30～39 元 □40～49 元

□50～59 元 □60～69 元 □70～79 元 □80～100 元

7. 您对配套光盘的建议：

光盘内容包括：□实例素材 □效果文件 □视频教学 □多媒体教学

□实用软件 □附赠资源 □无需配盘

8. 您对我社图书的宝贵建议：____

____

您可以通过以下方式联系我们。

邮箱：北京市 2038 信箱 邮编：100026

网址：http://www.china-ebooks.com 电话：010-80127216

E-mail：joybooks@163.com 传真：010-81789962